全家都爱吃的

绝味川菜

甘智荣 主编

U0298173

新疆人民出版总社
新疆人民卫生出版社

图书在版编目（CIP）数据

全家都爱吃的绝味川菜 / 甘智荣主编. —— 乌鲁木齐：
新疆人民卫生出版社，2016.6
　ISBN 978-7-5372-6575-1

　Ⅰ．①全… Ⅱ．①甘… Ⅲ．①川菜－菜谱 Ⅳ．
①TS972.182.71

中国版本图书馆CIP数据核字（2016）第112898号

全家都爱吃的绝味川菜
QUANJIA DOU AICHI DE JUEWEI CHUANCAI

出版发行	新疆人民出版总社 新疆人民卫生出版社
责任编辑	张文静
策划编辑	深圳市金版文化发展股份有限公司
摄影摄像	深圳市金版文化发展股份有限公司
封面设计	深圳市金版文化发展股份有限公司
地　　址	新疆乌鲁木齐市龙泉街196号
电　　话	0991-2824446
邮　　编	830004
网　　址	http://www.xjpsp.com
印　　刷	三河市兴国印务有限公司
经　　销	全国新华书店
开　　本	723毫米×1020毫米　　16开
印　　张	15
字　　数	250千字
版　　次	2016年10月第1版
印　　次	2017年9月第2次印刷
定　　价	39.80元

前言

　　一生行走过不少地方，见过不少姑娘，吃过最多的菜却只有两种：一种是家乡菜，另一种是川菜。

　　对于家乡菜，我们更多注重的是情感；对于川菜，我们更多注重的是味觉。在情感与味觉中寻找平衡，这是我们所追求的生活，也是一种修行。

　　将情感融入味觉，也将味觉融入情感。对家人最好的爱，莫过于给家人做一桌美味可口的饭菜，以及感受家人吃饭时的喜悦。

　　两个人组建的家庭，可能来自两个不同的地域。

　　让不同地域的人，喜欢相同的味道，就像让不同的人，喜欢同一个自己，这可能么？

　　虽然，编者也曾表示怀疑，然而，川菜却似乎做到了。从相隔四川1782.17公里的中国首都北京，到相隔成都市直线距离11575公里的洛杉矶，都有它忠实的追随者。

　　川菜作为一种地方菜系，从而赢得了"食在中国，味在四川"的美誉。它不仅跨越了山河的地域，跨越了民族的语言，而且跨越了生活习性，还跨域了国界。

　　如果相隔万里，不曾在一起的陌生人都喜欢川菜，那么在一起的家人是不是更应该试一试川菜呢？

　　不管我们人生的阅历如何不同，彼此对酸甜苦辣的感受总是一样的。川菜以味闻名，素有"一菜一格，百菜百味"之称。

　　我们在品味百味的同时，又何尝不是在品味人生呢？

目 录

Contents

Part 1 │ 天府川菜多风情

Part 2 │ 凉菜热菜总相宜

Part 3 │ 干锅百味舌先知

Part 4 | 千年巴蜀尽风味

Part 5 | 经典也有新吃法

Part 6 | 一面一饭皆有味

Part 7 | 街头巷尾觅小食

天府川菜多风情

风情，从来与地域有关。

说到川菜的风情，就不得不提到四川得天独厚的地理条件。

四川为全国的资源、能源大省，因物产丰饶、资源富集而被誉为"天府之国"。

川菜的味道

川菜是我国著名的八大菜系之一，起源于古代四川、重庆，以其取材广泛、味型多变，深受广大百姓喜欢，有"一菜一格，百菜百味"之美誉，其中最著名的味型莫过于麻辣、鱼香、芥末、酸辣、怪味、蒜泥等口味。

麻辣味

特点：色泽金红，麻辣鲜香 | **用途：可制麻辣鱼丁、麻婆豆腐等**

麻辣味是川菜的基本调味之一，其主要原料为川盐、白酱油、红油（或辣椒末）、花椒末、味精、白糖、香油、豆豉等。烹调热菜时，先将豆豉入锅，再加入其他原料炒香、炒透即成。

鱼香味

特点：色红味甜，酸辣均衡 | **用途：可做鱼香肉丝、鱼香茄子等**

鱼香味是川菜的独特风味。以川盐、泡鱼辣椒或泡红辣椒、姜、葱、蒜、白酱油、白糖、醋、味精为原料。调制时，川盐与原料码芡上味，使原料有一定的咸味基础；用白酱油和味提鲜，泡鱼辣椒带鲜辣味；配姜、葱、蒜增香、压异味，以成菜后鱼香味突出为准。

芥末味

特点：咸鲜酸香，冲辣爽口 | **用途：可制芥末鸭掌、芥末鸡丝等**

芥末味是冷菜复合式调味之一，多用于夏秋季冷菜。以川盐、白酱油、芥末糊、香油、味精、醋等调制而成。调制时，先将川盐、白酱油、味精、醋拌入，兑入芥末糊，最后淋以香油即成。

酸辣味 | 特点：酸辣而香，微有甜味 | 用途：爆炒菜，如酸辣鱼片等

　　酸辣味以川盐、醋、胡椒粉、味精、料酒等为原料调制而成。调制酸辣味，需掌握以咸味为基础、酸味为主体、辣味助风味的原则。另外，在制作冷菜类酸辣味调料时，应注意不放胡椒，改用红油或豆瓣酱。

怪味 | 特点：辣麻甜酸，咸鲜香融 | 用途：可调制宜宾怪味鸡、怪味鸭片等

　　怪味又名"异味"，因诸味兼有、制法考究而得名。以川盐、酱油、味精、芝麻酱、白糖、醋、香油、红油、花椒末、熟芝麻为原料。调制时，先将盐、白糖与酱油、醋调匀，再加味精、香油、花椒末、芝麻酱、红油、熟芝麻，充分调匀即成。

蒜泥味 | 特点：蒜香浓郁，微辣咸鲜 | 用途：用于蒜泥白肉、蒜泥茄子等

　　蒜泥味为川菜冷菜复合调味之一，以食盐、蒜泥、红酱油、白酱油、白糖、红油、味精、香油为原料，重用蒜泥，突出辣香味，使蒜香味浓郁，鲜、咸、香、辣、甜五味调和，清爽怡人，适合夏天凉拌菜用。

烹饪的秘密

烹饪的秘密如同川菜的灵魂，左右着川菜的品质，一方面，来自于川菜精心的食材挑选；另一方面，来自于川菜与众不同的烹饪方式。正是对于食材、烹饪的严格要求，才使得川菜成为餐桌上深具诱惑力的佳肴。

经典的烹调方式

蒸 "蒸"是一种经典的烹饪方式，能保留菜肴的营养不被破坏，具有鲜、香、嫩、滑的特点。具体方法是把原料放在器皿中，再置入蒸笼，利用蒸汽使其成熟。

炒 "炒"是最常见的烹饪方式，要求时间短、火候急、汁水少、口味鲜嫩。具体方法是，炒菜不过油，不换锅，芡汁现炒现兑，急火短炒，一锅成菜。

爆 "爆"是一种典型的用急火在短时间内加热并且迅速成菜的烹调方式，较突出的特点是勾芡，要求芡汁要包住主料，而使主料油亮。

熘 "熘"是用旺火急速烹调的一种方法，一般是先将原料经油炸余熟或开水余熟后，另起油锅调制卤汁，再将处理好的原料放入调好的卤汁中搅拌，或将卤汁浇于原料表面即成。

煎 "煎"一般是以温火将锅烧开后，倒入能布满锅底的油量，再放入加工成扁形的原料，用温火先煎好一面，再煎另一面，之后放入调味料，再翻几翻即成。

烧 "烧"分为干烧法和家常烧法两种。干烧之法，是用中火慢烧，使有浓厚味道的汤汁渗透于原料之中，自然成汁，醇浓厚味；家常烧法，是先用中火热油，入汤烧沸去渣、放料，再用小火慢烧至食材成熟、入味，最后勾芡而成。

生鲜的处理方式

川菜的特色一方面是来自于其与众不同的烹饪方式，另一方面则是来自于对生鲜食材的处理方法。所以，烹饪美味，不仅需要掌握一定的烹饪技巧，同时也需要学会相关的原料处理技巧。在此，我们介绍两种常见的生鲜原料的处理技巧。

汆水保鲜

汆水是将原料在沸水（或汤）中，煮一下即捞起来的一种烹调方法。一般用于烹调前，主要分为"冷水锅"和"热水锅"两种。

冷水锅：先烧水，让水温从低到高对流，使原料中的异味逐渐散发出来，从而除去异味。常用于异味、腥味、血污较重的原料。如猪肚、猪肠等。

开水锅：烧开水，将原料进行短时间的高温水处理，以保持脆嫩和色泽。常用于无异味或异味小、质地脆嫩的原料。

力除鱼腥

鱼腥味是鱼本身所含的一种异味，若不除掉，则影响菜的口感。除鱼腥味，按时间长短有不同的方法。

一是在鱼活之时，放入清水中喂养2~3天，加入少许菜油或醋，除去腥味。要求隔半天或一天换一次水，让鱼身的物质同菜油或醋发生反应，吐出污物，溶解腥味物质。

二是在烹调之前，腌渍15~20分钟，用葱、姜、蒜、醋、料酒、香菜等除去腥味。

三是在烹调之中，用煎、炸、蒸、烧等方法，让葱、姜、蒜先出香味，再下鱼，除腥增香。中途加点醋、料酒效果更好。

四是在洗净之后，通过汆水除去腥味。要点：将鱼去鳃除鳞，剖掉内脏后，擦干，汆水至鱼皮变色即可。

常见的食材

川菜很讲究菜肴的色、香、味、形，而要烹饪出一道正宗的川菜，还需要做好烹饪前的食材准备。川菜的食材品种多样，常用的有五花肉、草鱼、泡菜、猪蹄、鳝鱼、酸豆角等。

① 五花肉

五花肉又称肋条肉、三层肉，位于猪的腹部，肥瘦间隔，故称"五花肉"。这部分的瘦肉最嫩且多汁。需要指出的是，五花肉要斜切，其肉质比较细，筋少，如横切，炒熟后变得凌乱散碎，斜切可使其不破碎，吃起来也不塞牙。

五花肉营养丰富，有补肾养血、滋阴润燥的功效，还有滋肝阴、润肌肤和止消渴之功效。

② 猪蹄

猪蹄，又叫猪脚或猪手，前蹄为猪手，后蹄为猪脚，含有丰富的胶原蛋白，脂肪含量也比肥肉低。

近年来，科学研究机构在对老年人衰老原因的研究中发现，人体中胶原蛋白缺乏是人衰老的一个重要因素。猪蹄能增强皮肤弹性和韧性，对延缓衰老具有重要意义。此外，猪蹄对于经常性的四肢疲乏、消化道出血有一定的辅助疗效。

③ 猪血

猪血有解毒清肠、补血美容的功效。猪血中的血浆蛋白被人体内的胃酸分解后，产生一种解毒、清肠分解物，能够与侵入人体内的粉尘、有害金属微粒发生化学反应，易于毒素排出体内。长期接触有毒、有害粉尘的人，特别是每日驾驶车辆的司机，应常吃猪血。另外，猪血富含铁，对贫血而面色苍白者有一定的改善作用，是排毒养颜的理想食物。

④ 鳝鱼

鳝鱼肉质鲜美，营养价值甚高，尤其是富含DHA（二十二碳六烯酸）和卵磷脂，有补脑健肾的功效。鳝鱼所含的特种物质"鳝鱼素"，有清热解毒、凉血止痛、祛风消肿、润肠止血等功效，能降低血糖、调节血糖，对糖尿病有较好的食疗作用，又因其所含脂肪极少，因而是糖尿病患者的理想食品。

⑤ 草鱼

草鱼俗称鲩鱼、草鲩、白鲩，其肉质鲜嫩，价格也非常的实惠，是川菜中鱼类菜品食材的极佳选择。草鱼含有丰富的硒元素，经常食用有抗衰老、养颜的功效，而且对肿瘤也有一定的预防作用。草鱼肉嫩而不腻，很适合身体瘦弱、食欲不振的人食用。

⑥ 泡菜

泡菜含有丰富的维生素和钙、磷等无机物，既能为人体提供充足的营养，又能预防动脉硬化等疾病。由于泡菜在腌制过程中会产生亚硝酸盐这种公认的致癌物质，而又由于亚硝酸盐的含量与盐的浓度、温度、腌制时间等众多因素密切相关，因此泡菜不宜多食。

⑦ 牛蛙

牛蛙有滋补解毒的功效，消化功能差、胃酸过多以及体质弱的人可以用来滋补身体。牛蛙可以促进人体气血旺盛，使人精力充沛，有滋阴壮阳、养心安神、补血补气之功效，有利于术后病人的滋补康复。

常用的调料

川菜的调味料在川菜菜肴制作中有着至关重要的作用，也是制作麻辣、鱼香等味型菜肴必不可少的。川菜常用的调料品种繁多，可以根据不同的口味特点选择不同的调料，让菜品的口味更独特。

红油

又称"热油辣椒"或"辣椒油"，是川菜中一种重要的烹饪调料，是用朝天椒加菜籽油配大葱、花椒、八角等拌香料慢火熬制而成，常用于凉菜之中。特点：油润红亮，味辣辛香。

泡椒

在川菜调味中起着重要作用的泡椒，是用新鲜的辣椒泡制而成的，具有色泽红亮、辣而不燥、辣中微酸的特点。泡椒在泡制过程中会产生乳酸，当用于烹制美食时，就会使菜肴具有独特的香气和味道。

芝麻酱

又名"麻酱"，是将芝麻炒香后，磨制而成，在川菜中，用作麻酱味型和怪味型菜品的调料，也用于甜食、甜点等。

五香料

泛指八角、桂皮、丁香、小茴香、草果等五味调和的香料。荤菜中常用来解腻除腥，川菜中可做火锅味料。

醪糟

是一种米酒，又称甜酒、酒酿，是中国汉族和大多数少数民族传统的特产酒，适用于炒、烧、炖、蒸、炸，不但可去腥、去膻味，还可收到增香、增鲜、增色之效，在川菜中的应用也很广泛。

花椒

花椒树的果实，果皮含有辛辣挥发油及花椒油香烃等，具有独特的浓烈香气，有麻味，又称麻椒、秦椒或川椒。色艳红或紫红，形状呈圆球形，椒皮外表红褐色，晒干后呈红色或黑色。在烹饪中，有温中散寒、除湿止痛、增进食欲、去腥解毒、调味增香的效用。按采收季节又分为秋椒和伏椒，伏椒质量一般优于秋椒。

胡椒

胡椒主要成分为 α-蒎稀、β-蒎稀和胡椒醛、胡椒碱、胡椒脂碱等，辛辣中带有芳香，有特殊的辛辣刺激味和强烈的香气，有除腥解膻、解油腻、助消化、增添香味、防腐和抗氧化作用，能增进食欲，可解鱼虾蟹肉的毒素。胡椒分黑胡椒和白胡椒两种。黑胡椒辣味较重，香中带辣，散寒、健胃功能更强，多用于烹制内脏、海鲜类菜肴。

豆瓣酱

豆瓣酱又称"豆瓣"，有"川味之魂"的美誉，是川菜重要的调味品。常用的豆瓣酱有郫县豆瓣和金钩豆瓣两种。前者是烹制家常口味和麻辣口味的重要调味料，色泽红褐、红油光亮、味鲜美、瓣粒酥脆，有浓烈的酱香和清香味；后者则以蘸食为主，呈深棕色，光泽油润、咸淡适口、回味鲜甜、醇香浓郁、略带辣味。

豆豉

豆豉是用黄豆或黑豆味原料煮熟后，经过发酵加盐等工序酿制而成，鲜美可口、咸淡适中。烹饪中，用以解膻除腥、增香调味。具有色泽黑褐、光滑油润、味鲜回甜、香气浓郁、颗粒完整、松散化渣的特点。按颜色可分为"黑豆豆豉"和"黄豆豆豉"两种，皆以具特有豉香味者为佳。

豆豉可以加食用油、肉蒸后直接佐餐，也可作豆豉鱼、盐煎肉、毛肚火锅等菜肴的调味料。

川盐

川盐能定味、提鲜、解腻、去腥，是烹调川菜的必备调料之一。盐有海盐、池盐、岩盐、井盐之分，川菜烹饪最常用的是井盐，其氯化钠含量高达99%以上，其味纯正、无苦涩感，色白如雪，结晶体小，疏松不结块。四川自贡所产的井盐，是川盐中最为理想的调味料。

干辣椒

干辣椒是用新鲜辣椒晾晒而成的，外表呈鲜红色或棕红色，有光泽，内有籽。干辣椒气味特殊，辛辣如灼。川菜调味使用干辣椒的原则是辣而不燥。成都及其附近所产的二荆条辣椒和威远的七星椒，皆属此类品种，为辣椒中的上品。

陈皮

陈皮呈鲜橙红色、黄棕色或棕褐色，质脆，易折断，以皮薄而大、色红、香气浓郁者为佳。在川菜中，陈皮味型就是以陈皮为主要的调味品调制的，是川菜常用的味型之一，在冷菜中运用广泛，如陈皮兔丁、陈皮牛肉、陈皮鸡等。

榨菜

榨菜可直接作咸菜上桌，也可用作菜肴的辅料和调味品，对菜肴能起提味、增鲜的作用。榨菜以四川涪陵生产的最为有名。它是选用青菜头或者菱角菜的嫩茎部分加工而成。

芥末

芥末即芥子研成的末。芥子干燥无味，研碎湿润后，能发出强烈的刺激气味，冷菜、荤素原料皆可使用。如芥末嫩肚丝、芥末鸭掌、芥末白菜等，均是夏、秋季节的佐酒佳肴。

目前，一些川菜的制作也常用芥末的成品，如芥末酱、芥末膏，使用起来更方便。

Part 2

凉菜热菜总相宜

　　凉菜与热菜，一冷一暖，代表着阴与阳这两个最基本的对立面。它们看似简单，却又包罗万象。

　　广泛的选材，加上多变的调料，川菜以其对味觉的精妙把握，使得近乎微妙难述的情感，都能在品味中得到表达和传递。

泡椒凤爪

烹饪时间：130分钟 | 功效：消肿降压 | 口味：酸辣

原料

鸡爪500克，生姜17克，葱13克，朝天椒8克，泡小米椒142克，花椒2克，蒜瓣15克

调料

盐3克，料酒3毫升，米酒2毫升，白醋3毫升，白糖10克

做法

❶ 蒜头拍开，去皮；朝天椒去蒂，切圈；葱切段；生姜切成片。将上述材料放入碗中，待用。

❷ 鸡爪去趾尖，切成两半。

❸ 将鸡爪放入清水里浸泡1个小时，去除血水。

❹ 放入朝天椒、姜片、米酒、白醋、花椒、盐、白糖、400毫升凉开水，制成泡椒汁。

❺ 将泡好的鸡爪捞出，沥干水。

❻ 将鸡爪放入沸水锅中，注入料酒，拌匀，中火煮10分钟至熟透，中途将浮沫撇去。

❼ 煮好的鸡爪捞起放入碗中。

❽ 注入凉水冲洗油脂。

❾ 沥干水后放入泡椒调料汁中，封上保鲜膜，浸泡1个小时入味。

❿ 揭开保鲜膜，夹出鸡爪即可享用。

 浸泡鸡爪的泡椒汁应没过鸡爪，这样才能完全吸收酸咸辣味。根据当地气候温度，浸泡鸡爪的过程可放入冰箱冷藏。

酸辣肉片

烹饪时间：62分钟 | 功效：增强免疫力 | 口味：酸辣

原料

猪瘦肉270克，水发花生米125克，青椒25克，红椒30克，桂皮、丁香、八角、香叶、沙姜、草果、姜块、葱条各少许

调料

料酒6毫升，生抽12毫升，老抽5毫升，盐、鸡粉各3克，陈醋20毫升，芝麻油8毫升，食用油适量

做法

❶ 砂锅中注入清水烧热，倒入姜块、葱条，放入桂皮、丁香、八角、香叶、沙姜、草果。

❷ 放入猪瘦肉，加入适量料酒、生抽、老抽，加入盐、鸡粉。

❸ 烧开后用小火煮约40分钟至熟，关火后揭开盖，捞出瘦肉，放凉待用。

❹ 热锅注油，烧至三成热，倒入沥干水分的花生米，用小火浸炸约2分钟，捞出炸好的花生米，沥干油，待用。

❺ 将洗好的红椒、青椒分别切圈，把放凉的瘦肉切厚片，待用。

❻ 取一个碗，倒入陈醋、卤水，入盐、鸡粉、芝麻油。

❼ 倒入红椒、青椒，拌匀，腌渍约15分钟，制成味汁。

❽ 将肉片装入碗中摆放好，加入炸熟的花生米，淋上做好的味汁即可。

香辣烤凤爪

烹饪时间：15分钟｜功效：养血乌发｜口味：香辣

原料

洗净的鸡爪200克

调料

盐3克，辣椒粉、烧烤粉各8克，烤肉酱5克，烧烤汁10毫升，辣椒油8毫升，孜然粉、食用油各适量

做法

❶ 将洗净的鸡爪切去爪尖。

❷ 将鸡爪倒入碗中，加入辣椒粉、烧烤汁、辣椒油、烤肉酱、烧烤粉、食用油，再撒入孜然粉、盐，搅拌均匀，腌渍1小时，至其入味，备用。

❸ 用烧烤针将腌好的鸡爪穿好，待用。

❹ 在烧烤架上刷适量食用油，鸡爪放到烧烤架上，用中火烤3分钟至上色；翻面，用中火烤3分钟至上色。

❺ 用小刀在鸡爪肉划开，刷上适量食用油、烧烤汁。

❻ 将鸡爪翻面，再刷上适量食用油、烧烤汁，撒入辣椒粉、孜然粉，烤2分钟。

❼ 翻面，刷上适量食用油，撒上辣椒粉。

❽ 将鸡爪翻面，撒上辣椒粉，烤1分钟至熟，把烤好的鸡爪装入盘中即可。

芙蓉鳜鱼

烹饪时间：10分钟 │ 功效：补益五脏 │ 口味：鲜

 原料

鳜鱼750克，鸡蛋2个，西蓝花350克，生姜10克，大蒜10克，小葱10克，生菜叶适量，胡萝卜适量

 调料

鸡粉、白糖、料酒、盐、白胡椒粉、水淀粉、食用油各适量

 做法

① 将鳜鱼腹部肉质取出，用刀背打散刮出，放入碗中。

② 将鸡蛋清打入碗中，并打散，倒入鱼肉中拌匀。

③ 加鸡粉、白糖、料酒、盐、白胡椒粉，腌渍片刻。

④ 将备好的调羹沾上适量的食用油，舀上适量的鱼肉抹平，将调羹摆放在盘中待用花。

⑤ 蒸锅注水烧开，将放有鱼肉的盘子放入其中，加盖，小火蒸5分钟。

⑥ 去皮生姜切菱形片；洗净的大蒜切片；洗净的小葱切段；洗净的西蓝花切成小朵。

⑦ 将蒸好的鱼肉摆放在铺有生菜叶的盘中待用。

⑧ 沸水锅中，加入盐、食用油，倒入西蓝花，焯煮至断生，将西蓝花捞出待用。

⑨ 另起锅注油，倒入西蓝花，加入盐翻炒匀，将翻炒好的西蓝花取出摆放在盘子周围。

⑩ 热锅注油，倒入姜片、蒜片、葱段爆香，注入适量清水，加鸡粉、盐、水淀粉拌匀入味，倒入蒸好的鱼肉，炒匀入味，将鱼肉盛入装饰好的盘子中，点缀上雕花即可。

 美味秘笈　淀粉勾芡不可过于浓稠，否则很容易影响菜品的美观。

蒜泥白肉

烹饪时间：42分钟 | 功效：强身健体 | 口味：辣

原料

精五花肉300克，葱条、姜片各适量，蒜泥30克，葱花适量

调料

盐3克，料酒、味精、辣椒油、酱油、芝麻油、花椒油各少许

做法

① 锅中注入适量清水烧热，放入五花肉、葱条、姜片。
② 淋上少许料酒提鲜。
③ 盖上盖，用大火煮20分钟至材料熟透。
④ 关火，在原汁中浸泡20分钟。
⑤ 把蒜泥放入碗中。
⑥ 再倒入盐、味精、辣椒油、酱油、芝麻油、花椒油。
⑦ 拌匀入味，制成味汁。
⑧ 取出煮好的五花肉，切成厚度均等的薄片。
⑨ 再摆入盘中码好。
⑩ 浇入拌好的味汁，撒上葱花即成。

 美味秘笈

五花肉煮至皮软后，关火使其在原汁中浸泡一段时间，会更易入味。

鱼香肉丝

烹饪时间：8分钟 | 功效：增强食欲 | 口味：酸甜

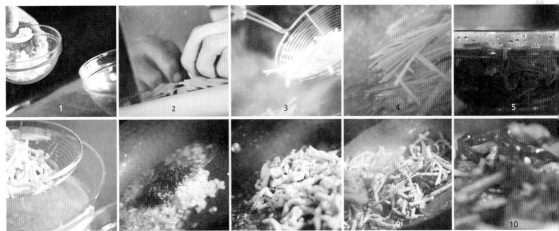

 原料

胡萝卜150克，竹笋100克，泡发木耳24克，猪里脊肉200克，小葱35克，蒜末30克，姜末30克

 调料

料酒10毫升，蛋清10毫升，生粉10克，鸡粉3克，陈醋10毫升，盐10克，白糖10克，生抽10毫升，辣椒油、豆瓣酱、食用油各适量

 做法

❶ 猪肉切成丝，放入碗中，撒上盐、生粉，淋上料酒、倒入蛋清，搅拌均匀，腌渍片刻，倒入适量的食用油，使得肉丝入锅更加容易分离。

❷ 胡萝卜去蒂，去皮，切片，切丝；木耳切丝。

❸ 竹笋切成丝，沸水中倒入竹笋丝，焯煮5分钟，去除苦味，将焯煮好的竹笋丝捞出，放在凉水中待用。

❹ 往沸水中放入盐、食用油，倒入胡萝卜丝，焯煮至断生，捞起放至凉水中过凉。

❺ 继续往沸水锅中倒入木耳丝，焯煮至断生，捞出放入凉水中过凉。

❻ 热锅注油烧热，烧至四成热，倒入肉丝，油炸至变成白色，将油炸好的肉丝盛出沥干油待用。

❼ 热锅注油，放入姜末、蒜末、豆瓣酱炒香，放入白糖，倒入肉丝，加入生抽、老抽、鸡粉，炒匀入味。

❽ 放入竹笋丝、胡萝卜丝、木耳丝，加入适量盐炒匀。

❾ 往生粉中倒入适量清水，拌匀，往水淀粉中加入适量辣椒油、陈醋调汁，倒入锅中勾芡。

❿ 关火后盛入盘中，撒上葱段，点缀上香菜即可。

 美味秘笈 木耳要洗净，去除表面的杂质和沙粒。鱼香肉丝非常经典，酸甜的味道，特别下饭，非常适合食欲不振者进食。

泡椒鸡胗

烹饪时间：4分钟 | 功效：增进食欲 | 口味：辣

原料

鸡胗200克，泡椒50克，红椒圈、姜片、蒜末、葱白各少许

调料

盐、味精、蚝油各3克，老抽、水淀粉、料酒、生粉、食用油各适量

做法

① 把洗净的鸡胗改刀切成片，将泡椒切成段。

② 鸡胗加少许盐、味精、料酒拌匀，加生粉拌匀，腌渍10分钟。

③ 锅中加清水烧开，倒入切好的鸡胗，氽水片刻至断生捞出备用。

④ 热锅注油，烧至四成热，倒入鸡胗，滑油片刻捞出备用。

⑤ 锅底留油，倒入姜片、蒜末、葱白、红椒圈爆香。

⑥ 倒入切好的泡椒，再加入鸡胗炒约2分钟至熟透。

⑦ 加料酒炒香，加入盐、味精、蚝油炒匀调味。

⑧ 加少许老抽炒匀上色，加水淀粉勾芡，淋入少许熟油炒匀，盛出装盘即可。

凉拌秋葵

🍲 烹饪时间：2分钟｜功效：健胃助消化｜口味：辣

原料

秋葵100克，朝天椒5克，姜末、蒜末各少许

调料

盐2克，鸡粉1克，香醋4毫升，芝麻油3毫升

做法

❶ 洗好的秋葵切成小段；洗净的朝天椒切小圈。

❷ 锅中注入适量清水，加入盐、食用油。

❸ 大火烧开，倒入切好的秋葵，搅匀，余煮一会儿至断生，捞出余好的秋葵，装碗待用。

❹ 在装有秋葵的碗中加入切好的朝天椒、姜末、蒜末，加入盐、鸡粉、香醋，再淋入芝麻油。充分拌匀至秋葵入味，将拌好的秋葵装入盘中即可。

美味秘笈

秋葵余水的时间不宜过长，半分钟左右为佳，以免营养流失。

川辣黄瓜

🍲 烹饪时间：3分钟 │ 功效：清热利水 │ 口味：辣

1   2   3   4

原料

黄瓜175克，红椒圈10克，干辣椒、花椒各少许

调料

盐、鸡粉各2克，生抽4毫升，白糖2克，陈醋5毫升，辣椒油10毫升，食用油适量

做法

① 将洗净的黄瓜切段，切成细条形，去除瓜瓤。

② 用油起锅，倒入干辣椒、花椒，爆香，盛出热油，滤入小碗中，待用。

③ 取一个小碗，放入鸡粉、盐、生抽、白糖、陈醋、辣椒油、热油，放入红椒圈，拌匀，制成味汁。

④ 将黄瓜条放入盘中，摆放整齐，再将调好的味汁浇在黄瓜上即可。

美味秘笈 │ 黄瓜切好后，可用保鲜膜包好，放入冰箱冷藏10分钟，口感会更好。

凉拌莲藕

烹饪时间：4分钟 | 功效：消暑清热 | 口味：辣

原料

莲藕250克，红椒15克，葱花少许

调料

盐3克，鸡粉、白醋、辣椒油、芝麻油各适量

做法

① 把去皮洗净的莲藕切成片，装入盘中备用。

② 把洗净的红椒对半切开，去籽，切成丝，再切成粒装入盘中备用。

③ 锅中加入适量清水，用大火烧开，倒入少许白醋。

④ 倒入莲藕，煮约2分钟至熟。

⑤ 把煮熟的藕片捞出，放入盘中备用。

⑥ 取一个大碗，倒入藕片。

⑦ 加入红椒粒、盐、鸡粉、辣椒油。

⑧ 加入芝麻油，用筷子拌匀，把拌好的藕片装入盘中，撒上葱花即可。

美味秘笈

莲藕入锅煮的时间不能太久，否则莲藕就失去了爽脆的口感。

麻辣水煮花蛤

烹饪时间：15分钟 │ 功效：降低血脂 │ 口味：麻辣

原料

花蛤蜊500克，豆芽200克，黄瓜200克，芦笋5根，青椒、红椒各30克，去皮竹笋100克，干辣椒5克，姜片、葱段、蒜片各少许，花椒8克，香菜5克

调料

豆瓣酱10克，辣椒粉5克，鸡粉3克，生抽、料酒、食用油各适量

做法

❶ 红椒、青椒各切成圆圈状；竹笋切片。

❷ 洗好的黄瓜去籽，切成厚片；洗净的芦笋切段。

❸ 用油起锅，倒入蒜片、姜片，爆香，加入适量花椒、干辣椒、豆瓣酱，炒香，放入辣椒粉，炒匀。

❹ 注入适量清水，煮片刻使水烧开，倒入花蛤蜊，加入鸡粉、生抽、料酒，煮约4分钟至沸腾，捞出煮好的花蛤蜊装盘备用。

❺ 将竹笋倒入锅中，煮约2分钟至入味，捞出煮好的竹笋，装盘备用

❻ 再将豆芽倒入锅内，煮约2分钟使其入味，将煮好的豆芽捞出，装碗待用。

❼ 将黄瓜倒入锅内，煮至断生，捞出装盘备用。

❽ 再将芦笋倒入锅内，煮至断生，捞出装盘备用。

❾ 碗中放入豆芽、黄瓜、竹笋、芦笋、蛤蜊，放上青椒、红椒，倒入汤汁，放上香菜、葱段，撒上辣椒粉。

❿ 加入干辣椒，稍煮片刻，关火，将煮好的汁液浇在花蛤蜊上，放上香菜叶即可。

美味
秘笈

竹笋事要先焯水再煮，这样更易煮熟。

麻婆山药

烹饪时间：7分30秒 | 功效：保护血管 | 口味：麻辣

原料

山药160克，红尖椒10克，
猪肉末50克，姜片、蒜末各
少许

调料

豆瓣酱15克，鸡粉少许，料
酒4毫升，水淀粉、花椒油、
食用油各适量

做法

1. 将洗好的红尖椒切小段，去皮洗净的山药切滚刀块。
2. 用油起锅，倒入备好的猪肉末，炒匀，至其转色。
3. 撒上姜片、蒜末，炒出香味，加入适量豆瓣酱，炒匀。
4. 倒入切好的红尖椒，放入山药块，炒匀炒透。
5. 淋入少许料酒，翻炒一会儿，注入适量清水。
6. 大火煮沸，淋上适量花椒油，加入少许鸡粉，拌匀。
7. 转中火煮约5分钟，至食材熟软。
8. 最后用水淀粉勾芡，至材料入味，关火后盛出菜肴，
   装在盘中即可。

 美味秘笈   煮山药的时间可长一些，这样菜肴的口感会更好。

酸辣白菜

烹饪时间：2分钟 | 功效：防癌抗癌 | 口味：酸辣

 原料

大白菜300克，干辣椒、蒜末各少许

 调料

盐3克，鸡粉2克，白醋、水淀粉、食用油各适量

 做法

❶ 把洗净的大白菜对半切开，去除菜心，再切成小块。

❷ 锅中注入适量清水，烧热后注入少许食用油，拌匀，倒入大白菜，拌煮至断生，把焯过水的大白菜捞出，沥干待用。

❸ 用油起锅，倒入蒜末、干辣椒，煸炒香。

❹ 倒入大白菜，用大火翻炒均匀。转中火，加入盐、鸡粉，淋入适量的白醋，翻炒至食材入味，再倒入少许水淀粉勾芡，翻炒材料至熟透，盛出装盘即成。

 美味秘笈

大白菜在烹饪前应先洗后切，以保证营养成分不过多流失。

芥末鸭掌

烹饪时间：37分钟 ｜ 功效：增强免疫力 ｜ 口味：辣

原料

鸭掌320克，黄瓜60克，黄芥末粉10克，葱段4克，姜片4克

调料

盐、白糖、鸡粉各3克，料酒、白醋各5毫升，芝麻油3毫升

做法

❶ 洗净的黄瓜斜刀切片，在备好的盘中摆成一圈。
❷ 洗净的鸭掌切去趾甲，再从中间劈开，待用。
❸ 锅中注入适量清水烧开，倒入姜片、葱段、鸭掌、料酒，拌匀。盖上锅盖，焖煮20分钟。
❹ 往黄芥末粉里加入适量开水。
❺ 用盘扣上，焖15分钟。
❻ 揭开盘，加入盐、白糖、鸡粉、白醋，拌匀。
❼ 淋上芝麻油，制成黄芥末酱。
❽ 揭开锅盖，将焖熟的鸭掌捞出，放入凉水中冷却，将放凉的鸭掌铺在黄瓜上，食用时蘸取黄芥末酱即可。

 美味秘笈

烹制此菜时，记得要把鸭掌的爪尖切除干净。也可根据个人喜好，在鸭掌上撒上少许熟白芝麻。

棒棒鸡

烹饪时间：2分钟│功效：降脂减肥│口味：辣

原料

鸡胸肉350克，熟芝麻15克，蒜末、葱花各少许

调料

盐4克，料酒10毫升，鸡粉2克，辣椒油5毫升，陈醋5毫升，芝麻酱10克

做法

① 锅中注入适量清水烧开，放入整块鸡胸肉。

② 加入盐，淋入适量料酒，盖上盖，用小火煮15分钟至食材熟。

③ 揭开盖子，把煮熟的鸡肉捞出。

④ 将鸡胸肉置于案板上，用擀面杖敲打松散。

⑤ 用手把鸡肉撕成鸡丝，把鸡丝装入碗中，放入蒜末和葱花，调匀。

⑥ 加入盐、鸡粉，淋入辣椒油、陈醋。

⑦ 放入芝麻酱，拌匀调味。

⑧ 把拌好的棒棒鸡装入盘中，撒上熟芝麻和葱花即可。

酱爆藕丁

烹饪时间：1分30秒 | 功效：补血开胃 | 口味：辣

原料

莲藕丁270克，熟豌豆50克，熟花生米45克，葱段、干辣椒各少许

调料

甜面酱30克，盐2克，鸡粉少许，食用油、白糖各适量

做法

❶ 锅中注入适量清水烧开，倒入莲藕丁，拌匀，煮约1分钟，至其断生后捞出，沥干水分，待用。

❷ 用油起锅，撒上葱段、干辣椒，爆香。

❸ 倒入焯过水的藕丁，炒匀，注入少许清水，放入甜面酱，炒匀，加入少许白糖、鸡粉。

❹ 用大火翻炒一会儿，至食材入味，关火后将炒好的材料装入盘中，撒上熟豌豆、熟花生米即可。

美味秘笈

豌豆可用油炸熟，能给菜肴增添风味。

剁椒蒸鸡腿

🍲 烹饪时间：23分钟 | 功效：强身健体 | 口味：辣

原料

鸡腿200克，红蜜豆35克，
姜片、蒜末各少许

调料

剁椒酱25克，海鲜酱12克，
鸡粉少许，料酒3毫升

做法

❶ 取一小碗，倒入备好的剁椒酱。

❷ 加入少许海鲜酱，撒上姜片、蒜末。

❸ 淋入适量料酒，放入少许鸡粉，搅拌均匀，制成辣
酱，待用。

❹ 取一蒸盘，放入洗净的鸡腿，摆好。

❺ 撒上适量的红蜜豆，再盛入调好的辣酱，铺匀。

❻ 蒸锅上火烧开，放入蒸盘。

❼ 盖上盖，用大火蒸约20分钟，至食材熟透。

❽ 关火后揭盖，待热气散开，取出蒸盘，稍微冷却后食
用即可。

美味秘笈

在鸡腿上切几处刀花，这样蒸的时候鸡肉更易入味。

板栗烧鸡

烹饪时间：35分钟 ｜ 功效：预防高血压 ｜ 口味：甜

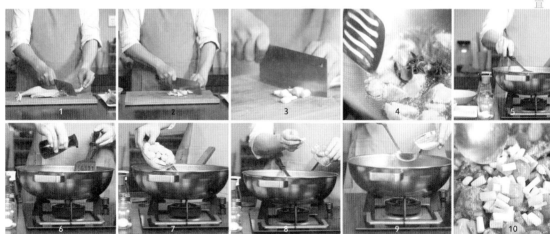

 原料 ....

去皮板栗70克，生姜10克，整
鸡一只，桂皮、八角、小葱
各适量

 调料 ....

盐4克，鸡粉2克，料酒7毫
升，老抽4毫升，白糖3克，食
用油、白胡椒粉各适量，水
淀粉适量

 做法 ....

① 将处理好的鸡斩成小块。

② 生姜切成小块。

③ 葱白切成小段。

④ 热锅注油烧热，倒入生姜，大火爆香；加入八角、
桂皮，翻匀略炒。

⑤ 倒入鸡块，炒至转色。

⑥ 倒入料酒，炒香，加入老抽，炒匀。

⑦ 加入板栗，炒匀，注入适量清水，拌匀。

⑧ 加入鸡粉、白糖、白胡椒粉、盐、料酒炒匀调味。

⑨ 盖上锅盖，开中火煮约30分至食材入味；揭开锅
盖，加入水淀粉。

⑩ 撒上葱段，翻炒均匀，将炒好的菜肴盛入盘中即可。

 美味
秘笈　　板栗买回来可以提前用热水浸泡片刻，这样有利于去掉表皮。

麻辣怪味鸡

🍲 烹饪时间：3分钟 │ 功效：增强免疫力 │ 口味：麻辣

原料

鸡肉300克，红椒20克，蒜末、葱花各少许

调料

盐、鸡粉各2克，生抽5毫升，辣椒油10毫升，料酒、生粉、花椒粉、辣椒粉、食用油各适量

做法

❶ 将洗净的红椒切开，再切成小块。

❷ 洗好的鸡肉斩成小块，把鸡肉块装入碗中，加入少许生抽、盐、鸡粉，拌匀。

❸ 淋入少许料酒拌匀，撒上生粉拌匀，腌渍10分钟，至其入味，备用。

❹ 锅中注油，烧至五成热，倒入腌好的鸡肉块，拌匀。

❺ 捞出炸好的鸡肉，沥干油，待用。

❻ 锅底留油烧热，撒上蒜末，炒香。

❼ 放入红椒块、鸡肉块，炒匀，倒入花椒粉、辣椒粉、葱花，炒匀。

❽ 加少许盐、鸡粉、辣椒油，炒匀，关火后盛出炒好的菜肴即可。

川味烧萝卜

🍲 烹饪时间：18分钟 | 口味：消食化滞 | 口味：辣

原料

白萝卜400克，红椒35克，熟白芝麻4克，干辣椒15克，花椒5克，蒜末、葱段各少许

调料

盐2克，鸡粉1克，豆瓣酱2克，生抽4毫升，水淀粉、食用油各适量

做法

① 将洗净去皮的白萝卜切段，再切片，改切成条形。
② 洗好的红椒斜切成圈，备用。
③ 用油起锅，倒入花椒、干辣椒、蒜末，爆香。
④ 放入白萝卜条，炒匀。
⑤ 加入豆瓣酱、生抽、盐、鸡粉，炒至熟软。
⑥ 注入适量清水，炒匀，盖上盖，烧开后用小火煮10分钟至食材入味。
⑦ 揭盖，放入红椒圈，炒至断生。
⑧ 用水淀粉勾芡，撒上葱段，炒香，关火后盛出锅中的菜肴，撒上白芝麻即可。

香辣蹄花

烹饪时间：62分钟 | 功效：利尿消肿 | 口味：香辣

原料

猪蹄块270克，西芹75克，红小米椒20克，枸杞适量，葱段、姜片各少许

调料

盐3克，鸡粉少许，料酒3毫升，生抽4毫升，芝麻油、花椒油、辣椒油各适量

做法

❶ 将洗净的西芹切段。

❷ 洗好的红小米椒切圈。

❸ 锅中注入适量清水烧开，倒入西芹段，拌匀，焯煮至断生，捞出沥干水分，待用。

❹ 沸水锅中倒入洗净的猪蹄块，淋入少许料酒，余约2分钟，去除血渍，捞出材料，沥干水分，待用。

❺ 取一小碗，倒入切好的红小米椒，加少许盐、生抽，放入适量鸡粉，淋入少许芝麻油，注入适量花椒油。

❻ 再淋上少许辣椒油，快速搅拌匀，制成味汁，待用。

❼ 砂锅中注入适量清水烧热，倒入余好的猪蹄块，撒上姜片、葱段、枸杞，烧开后用小火煮约60分至熟。

❽ 关火后捞出煮熟的猪蹄，沥干水分，放凉；在碗中摆放好，再撒上焯过的西芹段，浇上味汁即可。

酱汁猪蹄

烹饪时间：95分钟 | 功效：美容养颜 | 口味：咸

原料

猪蹄1000克，豆瓣酱25克，八角3个，花椒3克，桂皮4克，茴香3克，丁香3克，草果3克，香叶2克，干辣椒8克，小葱6克，姜片8克，大蒜10克

调料

盐2克，鸡粉1克，料酒、生抽、水淀粉各5毫升，老抽4毫升，食用油适量

做法

1. 沸水锅中倒入处理干净的猪蹄，余烫约2分钟至去除腥味和脏污，捞出余烫好的猪蹄，沥干水分待用。
2. 用油起锅，放入大蒜、姜片。
3. 倒入干辣椒、八角、花椒、桂皮、茴香、丁香、草果、香叶。
4. 加入豆瓣酱，将材料爆香。
5. 注入适量清水，放入余烫好的猪蹄，加入小葱，搅匀，放入盐、料酒、生抽、老抽，将调料搅匀。
6. 加盖，用大火煮开后转小火焖90分钟至猪蹄熟软入味；揭盖，取出焖好的猪蹄，装盘。
7. 往锅中酱汁中放入鸡粉、水淀粉，搅匀至酱汁黏稠。
8. 注入少许油，搅匀成油亮酱汁，关火后将酱汁浇在猪蹄上即可。

香辣脆笋

烹饪时间：3分钟 ｜ 功效：美容润肤 ｜ 口味：香辣

 原料

竹笋160克，五花肉70克，葱末5克，蒜末8克，朝天椒12克

 调料

盐2克，鸡粉2克，生抽5毫升，食用油适量

 做法

❶ 处理好的竹笋对半切开，切块，切成片。
❷ 洗净的五花肉去皮切成薄片。
❸ 洗净的朝天椒斜刀切段，待用。
❹ 热锅注入适量的清水大火烧开，倒入竹笋片，氽煮片刻去除苦味。
❺ 将竹笋捞出，沥干水分，待用。
❻ 热锅注油烧热，倒入五花肉，翻炒至转色。
❼ 加入朝天椒，炒匀，倒入葱末、蒜末，翻炒香。
❽ 淋入生抽，快速翻炒片刻。
❾ 倒入竹笋，翻炒片刻，加入盐、鸡粉，翻炒调味至熟。
❿ 关火，将炒好的菜盛出装入盘中即可。

 美味秘笈　竹笋氽煮时可加点盐，口感会更好。

041

山椒泡萝卜

烹饪时间：7分钟 │ 功效：增强免疫力 │ 口味：辣

 原料

白萝卜300克，泡椒50克

 调料

盐30克，白酒15毫升，白糖
10克

 做法

❶ 把去皮洗净的白萝卜切成段，再切成厚片，改成
条形。

❷ 将切好的白萝卜盛入碗中。

❸ 加入盐、白糖。

❹ 淋入少许白酒。

❺ 搅拌至白糖溶化。

❻ 倒入泡椒，拌匀。

❼ 注入约200毫升矿泉水，搅拌匀。

❽ 取一个干净的玻璃罐，盛入拌好的白萝卜。

❾ 倒入碗中的汁液。盖上瓶盖，置于阴凉干燥处，浸
泡7天。（适温5～16℃）

❿ 取出腌好的泡菜，摆好盘即可。

 美味
秘笈

泡椒先用清水泡一会儿，再连同汁水一起放入玻璃罐中，泡制的效果
会更好。

辣拌土豆丝

烹饪时间：3分钟 | 功效：健脾和胃 | 口味：辣

土豆200克，青椒20克，红椒15克，蒜末少许

盐2克，味精、辣椒油、芝麻油、食用油各适量

① 将去皮洗净的土豆切成片。
② 改切成丝，装碗备用。
③ 洗净的青椒切开，去籽，切成丝，装入碟中。
④ 洗好的红椒切段，切开去籽，切成丝，装碟备用。
⑤ 锅中注水烧开，加少许食用油、盐。
⑥ 倒入土豆丝，略煮。
⑦ 倒入青椒丝和红椒丝
⑧ 煮约2分钟至熟，把煮好的材料捞出。
⑨ 装入碗中。
⑩ 加盐、味精、辣椒油、芝麻油，充分搅拌均匀后盛入盘中，撒上蒜末即成。

美味
秘笈

土豆易氧化，切丝后，可先放入清水中浸泡片刻再煮，这样制作出来的菜肴口感更加爽脆。

凉拌折耳根

烹饪时间：1分钟 ｜ 功效：防癌抗癌 ｜ 口味：鲜

1   2   4

原料

折耳根70克，葱末、蒜末各8克

调料

盐、鸡粉各2克，白糖3克，生抽4毫升，陈醋3毫升，花椒油3毫升，油泼辣子适量

做法

❶ 将洗好的折耳根切成小段，待用。

❷ 折耳根倒入碗中，放入葱末、蒜末。

❸ 放入盐、鸡粉、白糖，淋入生抽、陈醋。

❹ 加入花椒油，倒入油泼辣子，搅拌匀。将拌好的折耳根倒入盘中即可。

 美味秘笈   折耳根味较重，不喜者可余道开水再食用。

怪味苦瓜

烹饪时间：2分钟 | 功效：聪耳明目 | 口味：辣

原料

苦瓜150克，红椒20克，蒜末少许

调料

盐5克，鸡粉、白糖各2克，咖喱15克，老干妈酱、辣椒酱各15克，叉烧酱15克，食用油适量

做法

① 将洗好的苦瓜对半切开，去籽，切成片。

② 洗净的红椒对半切开，去籽，切成小块。

③ 将苦瓜片装入盘中，放入3克盐，倒入少许清水，抓匀。

④ 腌渍过的苦瓜片加入适量清水清洗，滤干水分后装盘备用。

⑤ 锅中倒入适量食用油烧热，下入蒜末、红椒，炒出香味。

⑥ 倒入苦瓜，翻炒均匀。

⑦ 放入适量咖喱、老干妈酱、辣椒酱、叉烧酱，拌炒匀。

⑧ 加入适量鸡粉、盐、白糖，将苦瓜翻炒至入味，把炒好的苦瓜盛出装盘即成。

葱椒莴笋

烹饪时间：2分钟 | 功效：保护心脏 | 口味：辣

原料

莴笋200克，红椒30克，葱段、花椒、蒜末各少许

调料

盐4克，鸡粉2克，豆瓣酱10克，水淀粉8毫升，食用油适量

做法

❶ 洗净去皮的莴笋用斜刀切成段，再切成片；洗好的红椒切开，去籽，再切成小块，备用。

❷ 锅中注入适量清水烧开，倒入少许食用油、盐，放入莴笋片，搅拌匀，煮1分钟，至其八成熟，捞出焯煮好的莴笋，沥干水分，待用。

❸ 用油起锅，放入红椒、葱段、蒜末、花椒，爆香。

❹ 倒入焯过水的莴笋，炒匀，再加入适量豆瓣酱、盐、鸡粉，炒匀调味，淋入适量水淀粉，快速翻炒均匀后装入盘中即可。

美味秘笈 莴笋不宜炒制过久，以免破坏了其中的维生素。

酸笋牛肉

烹饪时间：2分钟 | 功效：强筋壮骨 | 口味：酸

原料

酸笋120克，牛肉100克，红椒20克，姜片、蒜末、葱段各少许

调料

豆瓣酱5克，盐4克，鸡粉2克，食粉少许，生抽、料酒各3毫升，水淀粉、食用油各适量

做法

❶ 将洗净的酸笋切成片；洗好的红椒切成小块；洗净的牛肉切成片，把牛肉片放在碗中，加入少许食粉、生抽、盐、鸡粉，淋入少许水淀粉，拌匀上浆，再注入适量食用油，腌渍约10分钟至入味。

❷ 锅中注入适量清水烧开，放入酸笋片，搅匀，再加入少许盐，煮约1分钟，捞出酸笋，沥干水分，待用。

❸ 用油起锅，爆香姜、蒜，倒入牛肉片，炒匀，淋入少许料酒，翻炒至牛肉断生。

❹ 再倒入酸笋片，放入红椒块，快速翻炒，加鸡粉、盐、豆瓣酱，翻炒至入味，用水淀粉勾芡，撒上葱段，炒香，盛出炒好的菜肴，放在盘中即可。

牛肉片先拍打后再腌渍，翻炒时更容易保持其肉质的韧性。

野山椒杏鲍菇

烹饪时间：243分钟 │ 功效：美容养颜 │ 口味：辣

原料

杏鲍菇120克，野山椒30克，尖椒2个，葱丝少许

调料

盐、白糖各2克，鸡粉3克，陈醋、食用油、料酒各适量

做法

① 洗净的杏鲍菇切片。

② 洗好的尖椒切小圈。

③ 野山椒剁碎。

④ 锅中注入适量清水烧开，倒入杏鲍菇，淋入料酒，焯煮片刻。

⑤ 将焯煮好的杏鲍菇盛出，放入凉水中冷却。

⑥ 倒出清水，加入野山椒、尖椒、葱丝。

⑦ 加入盐、鸡粉、陈醋、白糖、食用油。

⑧ 用筷子搅拌均匀。

⑨ 用保鲜膜密封好，放入冰箱冷藏4小时。

⑩ 从冰箱中取出冷藏好的杏鲍菇，撕去保鲜膜，将杏鲍菇倒入盘中，放上少许葱丝即可。

 美味秘笈

1. 焯煮杏鲍菇时淋入少量料酒，可以有效去除异味。

2. 野山椒根据自己的口味决定放入多少。

051

蜜汁苦瓜

烹饪时间：3分钟 | 功效：保护心血管 | 口味：苦

原料

苦瓜130克，蜂蜜40毫升

调料

凉拌醋适量

做法

❶ 将洗净的苦瓜切开，去除瓜瓤，用斜刀切成片。

❷ 锅中注入适量清水烧开，倒入切好的苦瓜，搅拌片刻，再煮约1分钟。

❸ 至食材熟软后捞出，沥干水分，待用。

❹ 将焯煮好的苦瓜装入碗中，倒入备好的蜂蜜，再淋入适量凉拌醋搅拌一会儿，至食材入味，取一个干净的盘子，盛出拌好的苦瓜即成。

美味秘笈 焯煮苦瓜时加入少许食粉，能缩短焯煮的时间。

石锅杏鲍菇

烹饪时间：3分钟 | 功效：防癌抗癌 | 口味：鲜

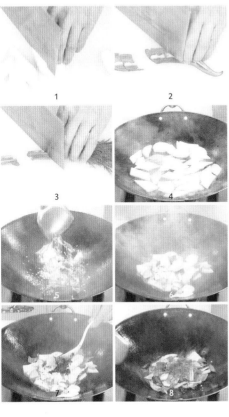

原料

杏鲍菇60克，青椒20克，茴香15克，红椒10克，姜片、蒜末、葱段各少许

调料

盐、鸡粉各2克，蚝油6克，料酒4毫升，生抽5毫升，水淀粉、食用油各适量

做法

❶ 将洗净的杏鲍菇切段，再切成片。

❷ 洗好的青椒、红椒切开，去籽，改切成小块。

❸ 洗好的茴香切小段。

❹ 锅中注入适量清水烧开，加入少许盐、鸡粉，略煮片刻，倒入切好的杏鲍菇，拌匀，焯煮约半分钟，至其断生后捞出，沥干水分，待用。

❺ 用油起锅，倒入姜片、蒜末、葱段，爆香，放入青椒块、红椒块，炒至变软。

❻ 倒入焯过水的杏鲍菇，淋入适量料酒，炒匀提味。

❼ 转小火，加入少许生抽、鸡粉、盐，炒匀调味，放入适量蚝油，炒匀，注入少许清水。

❽ 转中火略煮，至食材熟透，待汤汁收浓，倒入适量水淀粉勾芡，撒上茴香段，炒至断生，取备好的石锅，盛入锅中的食材即成。

凉拌猪肚丝

烹饪时间：2分钟｜功效：抗菌杀菌｜口味：辣

 原料

洋葱150克，黄瓜70克，猪肚300克，沙姜、草果、八角、桂皮、姜片、蒜末、葱花各少许

 调料

盐3克，鸡粉2克，生抽4毫升，白糖3克，芝麻油5毫升，辣椒油4毫升，胡椒粉2克，陈醋3毫升

 做法

❶ 洗好的洋葱、黄瓜切薄片，再切成丝。

❷ 锅中注水烧开，倒入洋葱，煮至断生，捞出沥干。

❸ 砂锅中注入适量清水，用大火烧热，放入沙姜、草果、八角、桂皮、姜片。

❹ 放入洗好的猪肚，加入少许盐、生抽，盖上锅盖，烧开后用小火卤约2小时。

❺ 揭开锅盖，捞出猪肚，放凉待用，将放凉的猪肚切成细丝，备用。

❻ 取一个大碗，倒入猪肚丝、部分黄瓜丝、洋葱，加入少许盐、白糖、鸡粉、生抽、芝麻油。

❼ 倒入少许辣椒油、胡椒粉、陈醋，撒上备好的蒜末。

❽ 搅拌片刻至食材入味，在盘子上铺好剩余的黄瓜丝，放入洋葱丝，盛出拌好的材料，点缀上葱花即可。

豉椒肉末蒸山药

🍳 烹饪时间：23分钟 │ 功效：安神助眠 │ 口味：辣

1　　2　　　　4

原料

去皮山药150克，肉末100克，白菜150克，剁椒18克，葱花5克，姜末5克，豆豉5克

调料

盐3克，胡椒粉1克，料酒10毫升，橄榄油适量

做法

❶ 山药斜刀切片，将洗净的白菜叶铺在盘子底部，放上切好的山药片，待用。

❷ 肉馅中倒入姜末，加入盐、料酒、胡椒粉，搅拌均匀，将拌好的肉馅铺在白菜和山药上，放上剁椒。

❸ 取出已烧开上气的电蒸锅，放入食材，调好时间旋钮，蒸20分钟至熟，取出蒸好的食材。

❹ 用油起锅，倒入豆豉，炸约1分钟至香味飘出，淋在食材上，撒上葱花即可。

美味秘笈　│　喜欢偏重口味的话，可在豆豉油中加入适量生抽。

粉蒸肚条

烹饪时间：35分钟 | 功效：延缓衰老 | 口味：咸

1

2

3

4

5

6

7

8

 原料

熟猪肚120克，五花肉80克，土豆240克，蒸肉米粉50克，蒜末、葱段各5克

 调料

腐乳15克，豆瓣酱20克，老抽2毫升，料酒10毫升

 做法

1 将备好的熟猪肚切开，再切条形。

2 洗净去皮的土豆切滚刀块。

3 洗好的五花肉切片。

4 取一大碗，倒入肚条和肉片，加入料酒、老抽、豆瓣酱、腐乳，撒上蒜末，拌匀，倒入蒸肉米粉，搅匀，腌渍约10分钟，待用。

5 取一蒸盘，放入土豆块，摆好。

6 倒入腌渍好的食材，铺放好。

7 备好电蒸锅，烧开水后放入蒸盘，盖上盖，蒸约20分钟，至食材熟透。

8 断电后揭盖，取出蒸盘，放上葱段，稍微冷却后即可食用。

香干回锅肉

🍲 烹饪时间：8分钟 | 功效：滋阴润燥 | 口味：鲜

原料

五花肉300克，香干120克，青椒、红椒各20克，干辣椒、蒜末、葱段、姜片各少许

调料

盐、鸡粉各2克，料酒4毫升，生抽5毫升，花椒油、辣椒油、豆瓣酱、食用油各适量

做法

❶ 锅中注入适量清水烧热，倒入洗净的五花肉，煮10分钟，至其熟软，捞出煮好的五花肉，放凉待用。

❷ 将香干切片。

❸ 洗净的青椒、红椒切开，去籽，再切成小块；把放凉的五花肉切成薄片。

❹ 用油起锅，烧至四成热，倒入切好的香干，拌匀，炸香，捞出炸好的香干，沥干油，待用。

❺ 锅底留油，放入肉片，炒出油，加适量生抽，炒匀。

❻ 倒入姜片、蒜末、葱段、干辣椒，用大火炒香，加入豆瓣酱，炒匀。

❼ 倒入炸好的香干，炒匀，加入少许盐、鸡粉、料酒，炒至熟软。

❽ 放入青椒、红椒，炒匀，淋入花椒油、辣椒油，炒至入味，关火后盛出炒好的菜肴即可。

藤椒鸡

烹饪时间：15分钟 | 功效：增强免疫力 | 口味：麻辣

原料

鸡肉块350克，莲藕150克，小米椒30克，香菜20克，蒜末少许

调料

生抽8毫升，料酒3毫升，盐2克，鸡粉1克，生粉10克，豆瓣酱12克，料酒4毫升，花椒油8毫升，水淀粉、食用油各适量

做法

1. 将洗净的香菜切段；洗好的莲藕切条形，改切成小丁块；洗净的小米椒切成圈。
2. 把洗好的鸡肉块放入碗中，加入少许生抽、料酒、盐、鸡粉，拌匀，撒上生粉，拌匀，腌渍10分钟至其入味。
3. 锅中注油，烧至五成热，倒入腌渍好的鸡块，炸半分钟至其呈金黄色，捞出炸好的鸡肉，沥干油，待用。
4. 锅底留油，倒入蒜末、小米椒，爆香。
5. 放入鸡块，炒匀，淋入适量料酒，炒匀提味。
6. 加入豆瓣酱、生抽，炒匀，再放入藕丁，炒香，淋入花椒油，加入盐、鸡粉调味。
7. 注入适量清水，煮开后用小火煮10分钟至其熟软。
8. 揭盖，倒入水淀粉勾芡，撒上香菜，炒香，关火后盛出锅中的菜肴即可。

辣白菜炒肥肠

🍲 烹饪时间：3分钟 | 功效：促进食欲 | 口味：辣

原料

卤肥肠180克，辣白菜155克，洋葱55克，蒜末、姜片各少许

调料

鸡粉1克，生抽、料酒各5毫升，食用油适量

做法

❶ 洗净的洋葱切块；肥肠切小段，待用。

❷ 用油起锅，倒入切好的肥肠，翻炒约1分钟至油分析出。

❸ 倒入切好的洋葱，加入蒜末、姜片，翻炒均匀。

❹ 加入料酒、生抽，翻炒数下至着色均匀。

❺ 倒入辣白菜，翻炒1分钟至入味。

❻ 加入鸡粉，炒匀，关火后盛出菜看装盘即可。

 美味秘笈 　调味时可以放点白醋和白糖，会更开胃。

椒盐脆皮小土豆

烹饪时间：2分钟｜功效：降脂减肥｜口味：辣

原料

小土豆350克，蒜末、辣椒粉、葱花、五香粉各少许

调料

盐、鸡粉各2克，辣椒油6毫升，食用油适量

做法

1. 热锅注油，烧至六成热，放入洗净的小土豆。
2. 用小火炸约7分钟，至其熟透，把炸好的土豆捞出，沥干油，待用。
3. 锅底留油，放入蒜末，爆香。
4. 倒入炸好的小土豆，加入五香粉、辣椒粉、葱花，炒香。
5. 放入适量盐、鸡粉，淋入辣椒油，快速炒匀。
6. 关火后将锅中的食材盛出，装入盘中即可。

美味秘笈

炸土豆时油温不宜过高，以免炸焦。

麻辣香干

烹饪时间：8分钟 ｜ 功效：增强免疫力 ｜ 口味：麻辣

 1

  2　3　4

原料

香干200克，红椒15克，葱花少许

调料

盐4克，鸡粉3克，生抽3毫升，食用油、辣椒油、花椒油各适量

做法

❶ 洗净的香干切1厘米厚片，再切成条；洗净的红椒切开，去籽，切成丝。

❷ 锅中加约1000毫升清水烧开，加少许食用油、盐、鸡粉，倒入香干，煮约2分钟至熟，捞出装入碗中。

❸ 加入切好的红椒丝；加入适量盐、鸡粉。

❹ 再倒入辣椒油，淋入适量花椒油，加入少许生抽，撒上准备好的葱花，用筷子拌匀，将拌好的香干盛出装盘。

 美味秘笈　香干不可煮太久，否则会影响成品的口感。

酸辣土豆丝

🍲 烹饪时间：3分钟 | 功效：健脾和胃 | 口味：酸辣

 原料

土豆400克，干辣椒6个，葱10克，蒜瓣3个

 调料

盐、鸡粉各3克，白醋6毫升

 做法

1. 土豆削皮，洗净后切薄片，再切成细丝。
2. 放入水中浸泡5分钟，可防止氧化，并去除部分淀粉。
3. 干辣椒切段。
4. 葱切成段。
5. 蒜瓣切末。
6. 土豆丝沥干水后放入沸水锅中焯水30秒，捞起，用冷水冲凉，使土豆丝口感更脆。
7. 热锅注油，放入蒜末、干辣椒，爆香，放入土豆丝，快速翻炒均匀。
8. 加入盐、鸡粉、葱段，炒匀调味，再添加白醋，快炒匀入味，出锅盛盘即可。

 美味秘笈

土豆切丝后，先用清水冲洗几遍再浸泡10分钟，能去除部分淀粉，炒制后口感更加爽脆，切记不要泡太久，以免流失水溶性维生素等营养。

Part 3

干锅百味舌先知

干锅，还是火锅？

从汤汁的多少便能辨别：干锅汤少，火锅汤多。

要说历史，火锅远比干锅悠久；要说味道，干锅却比火锅味道更足。

同样的原料，干锅和火锅，哪个味道更好？两种都试试，也许你都会喜欢。

干锅五花肉娃娃菜

🍲 烹饪时间：8分钟 | 功效：养胃生津 | 口味：咸

原料

娃娃菜250克，五花肉280克，洋葱80克，蒜头30克，干辣椒20克，葱花、姜片各少许

调料

豆瓣酱40克，料酒、生抽各5毫升，盐、鸡粉各2克，食用油适量

做法

❶ 洗净的洋葱切丝，洗好的娃娃菜切成小段，洗净的五花肉切片。

❷ 锅中注入适量清水烧开，倒入娃娃菜，焯煮片刻，关火后捞出焯煮好的娃娃菜，沥干水分，装盘待用。

❸ 取一干锅，放入洋葱丝；用油起锅，倒入五花肉片，炒匀，放入蒜头、姜片，爆香。

❹ 加入干辣椒，倒入豆瓣酱，炒匀，再加入料酒、生抽，倒入娃娃菜，加入盐、鸡粉，煮约3分钟至熟，关火后盛出炒好的菜肴，装入干锅中，撒上葱花即成。

美味秘笈 | 娃娃菜不宜炒太久，以免影响其脆甜的口感。

干锅肥肠

烹饪时间：2分30秒 | 功效：润肠通便 | 口味：鲜辣

原料

猪大肠180克，圆椒50克，红椒40克，大白菜叶70克，蒜末、姜片、葱段、干辣椒、八角、桂皮各适量

调料

盐、鸡粉各2克，料酒10毫升，豆瓣酱15克，番茄酱15克，白糖4克，水淀粉5毫升，生抽、食用油各适量

做法

① 洗好的红椒切开，去籽，切成小块，待用。

② 洗净的圆椒切条，再切小块。

③ 处理好的猪大肠切成小块，待用。

④ 用油起锅，放入姜片、蒜末、干辣椒、八角、桂皮，爆香。

⑤ 倒入圆椒、红椒，快速翻炒均匀，再放入猪大肠，加入适量豆瓣酱，翻炒均匀，淋入少许料酒，炒匀提鲜。

⑥ 淋入适量生抽、清水，放入番茄酱、盐、鸡粉、白糖。

⑦ 快速炒匀调味，加入适量水淀粉，翻炒匀，倒入备好的大白菜叶，翻炒片刻。

⑧ 将炒好的菜肴盛入干锅即可。

重庆火锅

🍲 烹饪时间：35分钟 ｜ 功效：健脾开胃 ｜ 口味：辣

 原料

鸭肠300克，毛肚400克，耗儿鱼600克，牛黄喉500克，香茅1克，甘草2克，白蔻4克，香叶1克，干辣椒250克，八角2克，草果2克，青花椒50克，小茴香1克，桂皮2克，甘菘2克，陈皮2克，花生米15克，醪糟2克，生姜50克，大葱白3克，小葱段2克，蒜瓣10克，朝天椒4克

 调料

豆瓣酱150克，冰糖2克，豆豉2克，牛油700克，冷榨菜籽油300毫升，辣椒粉5克，鸡粉、盐、芝麻油各少许

 做法

❶ 将处理好的鸭肠剪成小段，加入盐、生粉，放置10～15分钟，用清水清洗干净，装盘待用。

❷ 毛肚切状，耗儿鱼切成块，黄喉切成片，装盘待用。

❸ 香菜、大葱白、小葱、朝天椒切碎，蒜瓣切成末。

❹ 锅中注入食用油，倒入花生米，小火炸制，中途不停搅拌，待花生外表呈金黄色时，捞出拍碎，和辣椒粉、葱花、香菜碎一起放入碗中，加入葱白碎、鸡粉和盐、少许芝麻油，拌匀即成香辣蘸料。

❺ 取部分干辣椒放入水中煮15～20分钟后把辣椒切碎，装入碗中，剩余切成段，待用。

❻ 锅中倒入菜籽油加热，放入牛油，加热至融化，生姜块倒入锅中，大火炸至金黄色后转小火炸香。

❼ 辣椒碎中加入豆瓣酱，倒入锅中；草果拍碎。

❽ 依次将草果、八角、桂皮、甘草、白蔻、豆豉、陈皮放入锅中，炸香，再放入花椒、甘菘、香茅、香叶、小茴香、干辣椒段、冰糖、花生碎。

❾ 倒入800毫升清水。

❿ 转小火慢熬5分钟，放入花生碎，将底料倒入涮锅中，加入醪糟，即完成锅底制作，加热即可涮煮食材。

 美味秘笈

1．锅底香料入锅后应不停地搅拌，使其不易粘锅。2．花椒的用量可依个人口味增减。

干锅排骨

烹饪时间：2分钟 | 功效：滋阴壮阳 | 口味：鲜

原料

排骨400克，青椒、红椒各15克，花椒10克，干辣椒、姜片、蒜末、蒜苗段各少许

调料

盐、鸡粉各2克，料酒10毫升，生抽8毫升，豆瓣酱7克，生粉、水淀粉、食用油各适量

做法

❶ 洗净的红椒、青椒切开，再切成段。

❷ 把处理好的排骨装入盘中，加入少许盐、鸡粉、生抽、料酒，再撒上适量生粉，搅匀上浆，腌渍约10分钟，至其入味。

❸ 热锅注油烧至五成热，倒入排骨，快速搅散，炸半分钟至其呈金黄色，将炸好的排骨捞出，沥干油，备用。

❹ 锅底留油烧热，倒入姜片、蒜末、干辣椒、花椒、蒜苗段，爆香。

❺ 放入切好的青椒、红椒，快速翻炒匀。

❻ 加入炸好的排骨，淋入料酒、生抽，炒匀提味，加入少许豆瓣酱，翻炒出香味。

❼ 加入适量盐、鸡粉，炒匀调味，注入适量清水，煮至沸。

❽ 倒入适量水淀粉，快速翻炒片刻，使其更入味，将炒好的排骨盛出，装入盘中即可。

麻辣干锅虾

🍲 烹饪时间：3分钟 | 功效：预防高血压 | 口味：麻辣

原料

基围虾300克，莲藕120克，青椒35克，干辣椒5克，花椒、姜片、蒜末、葱段各少许

调料

料酒5毫升，生抽4毫升，盐、鸡粉各2克，辣椒油7毫升，花椒油6毫升，水淀粉4毫升，豆瓣酱10克，白糖2克，食用油适量

做法

❶ 洗净去皮的莲藕切厚片，再切成条形，改切成丁。

❷ 洗净的青椒切开，去籽，切成小块。

❸ 将洗净的基围虾腹部多余的触须和脚须切掉，再切开背部，去除虾线。

❹ 热锅注油，烧至四成热，倒入基围虾，搅散，炸至亮红色，捞出沥干油，待用。

❺ 锅底留油烧热，倒入干辣椒、花椒、姜片、蒜末、葱段，爆香，放入藕丁，快速翻炒均匀，加入青椒，翻炒匀。

❻ 放入适量豆瓣酱，翻炒均匀，倒入炸好的基围虾，再淋入料酒、生抽，炒匀提鲜。

❼ 加入适量清水，放入少许盐、鸡粉、白糖，淋入适量辣椒油、花椒油，炒匀调味。

❽ 加入适量水淀粉，炒匀，续炒片刻，使食材更入味，将炒好的食材盛出，装入盘中即可。

干锅菌菇千张

烹饪时间：6分钟 ｜ 功效：强身补虚 ｜ 口味：辣

原料

五花肉200克，千张230克，蒜苗45克，平菇80克，口蘑85克，草菇80克，姜片、干辣椒、葱段、蒜末各少许

调料

盐、鸡粉各2克，生抽、料酒各5毫升，豆瓣酱15克，番茄酱10克，辣椒油4毫升，水淀粉10毫升，食用油适量

做法

❶ 洗好的蒜苗切成段；洗净的千张切大块，再切条状；洗好的口蘑切成小块；洗净的草菇切成小块；洗好的五花肉切块，再切片，洗净的平菇切小块，备用。

❷ 锅中注入适量清水烧开，加入少许盐、食用油。

❸ 入切好的草菇、口蘑，淋入适量料酒，搅散，煮至沸，放入平菇块，搅匀。

❹ 倒入千张，煮1分钟，将焯煮好的食材捞出，沥干。

❺ 用油起锅，倒入肉片，煸炒出油，放入姜片、蒜末、干辣椒、葱段，煸炒出香味。

❻ 淋入适量生抽，加入豆瓣酱，翻炒均匀。

❼ 倒入焯过水的食材，加入少许盐、鸡粉，快速炒匀，倒入少许清水，炒匀，煮至沸。

❽ 淋入适量辣椒油，放入番茄酱，炒匀，再煮2分钟。

❾ 倒入适量水淀粉勾芡。

❿ 放入蒜苗段，翻炒至断生，盛出炒好的菜肴，装入备好的干锅中即可。

 美味秘笈 | 煸炒五花肉的时间可以适当长一些，这样就不会太油腻。

071

干锅腊肉茶树菇

🍲 烹饪时间：6分钟 │ 功效：健脾止泻 │ 口味：辣

原料

茶树菇200克，腊肉240克，洋葱50克，红椒40克，芹菜35克，干辣椒、香菜、花椒各少许

调料

豆瓣酱20克，白糖、鸡粉各2克，生抽3毫升，料酒4毫升，食用油适量

做法

❶ 将洋葱切丝，芹菜切段，红椒切圈，茶树菇切段。

❷ 腊肉取瘦肉部分，切成片。

❸ 锅中注适量清水烧开，放入腊肉，余去多余盐分，捞出沥干水分，待用。

❹ 将茶树菇倒入沸水锅中，焯煮至断生，捞出沥干水分，待用。

❺ 用油起锅，放入花椒、豆瓣酱，炒香。

❻ 加干辣椒、腊肉、茶树菇，略炒，放入红椒圈、芹菜，炒至熟软。

❼ 放生抽、料酒、白糖、鸡粉，炒匀。

❽ 加洋葱，炒匀，将菜肴盛出装入干锅，放上香菜即可。

肥肠香锅

烹饪时间：8分钟 | 功效：滋阴润燥 | 口味：麻辣

原料

肥肠200克，土豆120克，香叶、八角、花椒、干辣椒、姜片、蒜末、葱段各适量

调料

盐3克，料酒8毫升，生抽5毫升，豆瓣酱10克，辣椒油8毫升，白糖2克，水淀粉5毫升，陈醋4毫升，老抽2毫升，食用油、鸡粉各适量

做法

❶ 洗净去皮的土豆切开，再切成块，改切成片，备用。

❷ 锅中注入水烧开，加入少许盐，倒入切好的土豆片，搅散，略煮片刻，至其断生，捞出，沥干水分，备用。

❸ 再倒入处理好的肥肠，搅拌片刻，淋入适量料酒，余去异味，捞出，沥干水分，待用。

❹ 用油起锅，爆香姜片、蒜末、葱段，倒入香叶、八角、花椒、干辣椒，快速炒匀。

❺ 放入肥肠，炒匀，淋入料酒、生抽，加豆瓣酱、辣椒油，炒至六成熟。

❻ 倒入土豆片，加入适量清水，炒匀煮沸，加入老抽、盐、鸡粉、白糖，炒匀调味。

❼ 大火略煮，淋入陈醋，煮至熟，待汤汁浓稠，倒入适量水淀粉勾芡，关火后将肥肠盛出，装入砂煲中。

❽ 将砂煲置于旺火上，煲煮5分钟至熟，取下砂煲即可。

麻辣牛肉火锅

烹饪时间：10分钟｜功效：补血益气｜口味：辣

 原料

高汤1500毫升，豆豉50克，干辣椒段20克，姜片30克，葱段20克，花椒10克，牛腩块100克，牛肚条100克，牛肉片100克，鱼肉片70克，金针菇50克，芥蓝100克，皇帝菜50克，胡萝卜50克，白菜100克

 调料

盐适量，豆瓣酱200克，冰糖20克，绍酒20毫升，食用油适量

做法

❶ 金针菇切去根部；皇帝菜切段；白菜切片；胡萝卜切条。

❷ 锅中注入适量清水烧开，倒入洗净的牛腩块和牛肚条，搅匀，汆煮去除血渍后捞出，沥干水分，待用。

❸ 用油起锅，爆香姜片、花椒；炒香豆豉、干辣椒段。关火后盛入电火锅中。

❹ 倒入葱段，放入豆瓣酱，炒匀；注入高汤，大火略煮，放入冰糖，淋上绍酒，烧开后转中小火煮约15分钟，加入盐，略煮，至汤汁入味。

❺ 接通电源，煮沸，倒入食材，烧开后转小火煮软。

❻ 放入牛肉片、胡萝卜，加盖煮约2分钟，至牛肉断生；倒入洗净的芥蓝，搅匀，煮约1分钟，至芥蓝变软。

❼ 倒入鱼肉片，放入切好的金针菇，续煮约1分钟，至鱼肉转色，倒入切好的白菜，搅散，煮至断生。

❽ 倒入切好的皇帝菜，再煮约1分钟至熟，边煮边享用即可。

涮猪肝火锅

烹饪时间：50分钟｜功效：增强免疫力｜口味：鲜

原料

猪大骨250克，大葱80克，西红柿150克，生姜25克，八角10克，桂皮10克，猪肝200克，海带结50克，水发腐竹50克，豆苗50克，水发粉丝50克

调料

盐6克，鸡粉、胡椒粉各5克，料酒10毫升

做法

① 猪肝切成均匀的片；腐竹切成段；芥蓝切去根部；大葱斜刀切成段；生姜切成片；西红柿对切开，再切片。

② 锅中注水大火烧开，倒入猪大骨汆煮去除血水和杂质，将汆好的猪大骨捞出，沥干水分，待用。

③ 砂锅中注水烧热，放入猪大骨。

④ 放入八角、桂皮、姜片、大葱，大火煮开后转小火煮40分钟。

⑤ 掀开锅盖，将八角、桂皮捞出。

⑥ 加入盐、鸡粉、料酒。

⑦ 再放入西红柿片，煮至食材入味。

⑧ 撇去汤面的浮沫，撒入胡椒粉，拌匀，把煮好的汤倒入电火锅，高温加热煮开后，可依次涮煮准备好的猪肝、海带结、腐竹、豆苗、粉丝等食材。

鸭血豆腐火锅

🍲 烹饪时间：40分钟 ｜ 功效：润肠通便 ｜ 口味：辣

原料

干辣椒20克，葱段、姜片各10克，高汤500毫升，鸭血200克，豆腐100克，牛肉丸50克，水发玉兰片50克，土豆50克，蒜苗50克，上海青50克，香叶5克，草果5个，桂皮10克，八角30克，茴香20克

调料

豆瓣酱40克，食用油、醪糟、辣椒油各适量

做法

① 洗净去皮的土豆切厚片；豆腐先用盐水浸泡片刻，捞出后切块。

② 洗净的鸭血切成厚片，再切块；牛肉丸切上花刀；洗好的蒜苗斜刀切成段，待用。

③ 用油起锅，倒入豆瓣酱，翻炒出香味。

④ 再倒入香叶、桂皮、草果、八角、茴香，炒匀。

⑤ 倒入备好的葱段、姜片、干辣椒，翻炒香。

⑥ 再倒入高汤，加入适量的醪糟，大火煮开后转小火煮20分钟。

⑦ 掀开锅盖，将煮好的红汤锅底倒入电火锅，淋上少许的辣椒油，继续高温加热即可。

⑧ 待锅底煮沸，倒入牛肉丸、土豆片、豆腐块，拌匀，高温再次煮沸。

⑨ 掀开锅盖，放入鸭血块、泡发好的玉兰片、蒜苗段，略煮片刻。

⑩ 再放入备好的上海青，略微搅拌，煮至食材全部熟透，边煮边享用即可。

 美味秘笈　炒香料的时候注意不要炒煳，以免汤底偏苦。

酸笋猪肘火锅

烹饪时间：37分钟 | 功效：美容养颜 | 口味：酸

1　2　3　4　5
6　7　8　9　10

 原料

酸菜50克，老豆腐100克，高汤200毫升，泡小米椒50克，姜末、蒜末各15克，大葱碎适量，猪肘块300克，酸笋100克，金针菇50克，香菜50克，小白菜50克，苦菊50克，水发红薯粉50克，生菜70克

 调料

盐8克，鸡粉5克，胡椒粉3克，料酒10毫升，芝麻油、食用油各适量

 做法

❶ 酸菜切段；泡小米椒切粒；酸笋切片；金针菇去根。

❷ 豆腐切厚片；小白菜切成两段；

❸ 苦菊切去根部；洗好的香菜切去根部，切成两段；洗净的生菜切成两段。

❹ 沸水锅中倒入洗净的猪肘块，余烫约2分钟至去除腥味和脏污，捞出沥干水分，装盘待用。

❺ 用油起锅，倒入姜末，爆香。

❻ 放入酸菜，倒入蒜末，翻炒半分钟至飘出香味。

❼ 倒入切好的泡小米椒。

❽ 注入高汤，用大火煮开，加入盐、鸡粉、料酒。

❾ 放入切好的豆腐，稍稍搅匀，稍煮3分钟至沸腾。倒入胡椒粉，放入大葱碎，淋入芝麻油，稍煮1分钟至入味，将煮好的锅底盛入电火锅中，高温加热煮开。

❿ 煮开后放入余烫好的猪肘块，续煮15分钟至熟透，放入切好的酸笋，搅匀，煮约3分钟至汤底酸味更浓。依次再放入准备好的红薯粉、金针菇、小白菜、生菜、苦菊、香菜等食材涮煮，即可享用美味。

 美味秘笈 | 放入绿叶蔬菜前可加点食用油，涮煮好的蔬菜颜色会更鲜绿，味道也更好。

经典麻辣火锅

🍲 烹饪时间：72分钟 │ 功效：促进食欲 │ 口味：麻辣

原料

高汤800毫升，干辣椒段30克，豆豉20克，姜片、小葱段各10克，牛肉片250克，毛肚100克，黄豆芽、油麦菜、去皮白萝卜、大白菜、冬瓜各50克

调料

郫县豆瓣酱50克，花椒、冰糖各10克，料酒10毫升，盐5克，食用油适量

做法

❶ 白菜切段；油麦菜切两段。

❷ 冬瓜、白萝卜分别切厚片。

❸ 洗净的毛肚切条。

❹ 用油起锅，放入姜片，倒入郫县豆瓣酱。

❺ 放入小葱段、花椒、干辣椒段，炒约1分钟。

❻ 倒入豆豉，炒匀，注入高汤，拌匀。

❼ 放入冰糖，拌至冰糖溶化，煮开后转小火煮约30分钟至入味。

❽ 加入料酒、盐调味，煮至汤底香浓，关火后将锅底盛入电火锅中。

❾ 电火锅接通电源，大火煮沸。

❿ 放入牛肉片、毛肚，煮至食材熟透，放入冬瓜片、白萝卜片，煮10分钟，放入黄豆芽、白菜、油麦菜，煮1分钟食用即可。

 美味秘笈 如果制作火锅底料时，加入以前炒制好的底料，味道会更香浓。吃火锅时可以分次少量加入涮煮材料。

毛血旺火锅

烹饪时间：43分钟 ｜ 功效：补气养血 ｜ 口味：辣

原料

高汤800毫升，干辣椒段30克，豆豉20克，姜片、小葱段各10克，鸭血250克，黄豆芽50克，毛肚条50克，芥蓝50克，皇帝菜50克，氽水鱿鱼卷50克，虾仁50克，去皮莴笋50克，午餐肉50克，水发粉丝50克

调料

郫县豆瓣酱50克，花椒、冰糖各10克，绍酒10毫升，盐5克

做法

❶ 洗净的皇帝菜切两段；莴笋切片；午餐肉切厚片；鸭血切块。

❷ 用油起锅，放入姜片，爆香。

❸ 倒入郫县豆瓣酱、小葱段、花椒、干辣椒段，炒香。

❹ 倒入豆豉，翻炒均匀。

❺ 注入高汤，搅匀，放入冰糖，搅拌至冰糖稍微溶化，用大火煮开后转小火煮约30分钟至入味。

❻ 揭盖，加入绍酒，放入盐，搅匀调味，稍煮2分钟至汤底香浓。

❼ 关火后将麻辣汤底盛入电火锅中，电火锅接通电源，大火煮沸，放入切好的鸭血块。

❽ 加入洗净的毛肚条，放入切好的午餐肉，搅匀，煮5分钟至食材熟透。揭盖，放入洗净的黄豆芽和切好的莴笋片，煮2分钟至黄豆芽和莴笋熟透。

❾ 揭盖，放入洗净的虾仁，加入鱿鱼卷，放入泡好的粉丝，搅匀，煮1分钟至食材熟软。

❿ 放入芥蓝和切好的皇帝菜，稍煮1分钟食用即可。

 美味秘笈

食材可以根据自己的喜好添加。

干锅青笋腊肉

烹饪时间：25分钟 | 功效：健胃益脾 | 口味：辣

原料 ....

腊肉1块，莴笋1根，水发黑木耳适量，蒜瓣几颗，干辣椒、葱段、姜片各少许

调料 ....

生抽、芝麻油、豆瓣酱、食用油、鸡粉、料酒各适量

做法 ....

① 蒸锅注水，大火烧开，将处理干净的腊肉整块放入，用大火蒸约15分钟后取出放凉，待用。

② 莴笋去皮，先切小段，再切成菱形片。

③ 干辣椒切段；去皮的生姜切成；蒜切片。

④ 洗净的大葱切成段。

⑤ 将蒸好的腊肉切成薄片，待用。

⑥ 热锅注油，烧至五成热，倒入切好的腊肉，翻炒片刻后捞出沥干油分，装入盘中待用。

⑦ 热锅注油烧热，倒入姜片、蒜片、葱段、干辣椒，炒香，再倒入豆瓣酱，炒匀。

⑧ 倒入准备好的莴笋片、水发木耳，翻炒片刻，加入少许生抽、料酒，用中火炒约8分钟，再倒入腊肉，翻炒均匀。

⑨ 最后淋入芝麻油即可出锅。

⑩ 关火后将炒制好的食材倒入准备好的干锅中即可。

 **美味秘笈** 1. 腊肉先蒸过，去掉部分油脂和烟熏气，健康一点。2. 制作此菜时不用加盐，因为豆瓣酱和腊肉本身咸，另外生抽也是比较咸的。

蜀香鸡火锅

烹饪时间：50分钟 ｜ 功效：促进食欲 ｜ 口味：辣

高汤800毫升，干辣椒段30克，豆豉20克，姜片、小葱段各10克，鸡肉块250克，鱿鱼50克，鸡胗50克，牛肉50克，蒜苗50克，小白菜50克，香菇50克

调料

郫县豆瓣酱50克，花椒、冰糖各10克，绍酒10毫升，盐5克

做法

① 洗净的香菇按十字刀切块。

② 洗好的蒜苗切三段；鱿鱼切块；洗好的鱿鱼须切小段；洗净的牛肉切片。

③ 用油起锅，放入姜片，爆香。

④ 倒入郫县豆瓣酱，放入小葱段、花椒、干辣椒段，炒香约1分钟。

⑤ 倒入豆豉，翻炒均匀，注入高汤，搅匀，放入冰糖，搅拌至冰糖稍微溶化，用大火煮开后转小火煮约30分钟至入味。

⑥ 加入绍酒，放入盐，搅匀，稍煮2分钟至汤底香浓。

⑦ 关火后将麻辣汤底盛入电火锅中。

⑧ 电火锅接通电源，大火煮沸，放入洗净的鸡肉块、切好的牛肉片、洗好的鸡胗，搅匀。

⑨ 煮约10分钟至食材熟透，加入切好的香菇块，搅匀，续煮2分钟至香菇熟透。

⑩ 倒入切好的鱿鱼块和鱿鱼须，加入洗净的小白菜、切好的蒜苗，搅匀，稍煮1分钟至食材熟软入味，边煮边享用即可。

美味秘笈　吃该火锅时建议用适量蒜泥、生抽、陈醋和胡椒粉制成蘸料。

干锅香葱鸡

烹饪时间：25分钟 | 功效：补精益髓 | 口味：辣

原料

鸡腿肉500克，白洋葱、紫洋葱各1/2个，毛豆20克，红葱头2个，蒜瓣2颗，花椒粒、干辣椒各适量，香菜几根，姜片少许

调料

生抽3毫升，料酒3毫升，辣椒酱、盐、食用油各适量

做法

❶ 将洗净的鸡肉斩成小块，装入碗中，加入盐、料酒，搅拌均匀，腌制10分钟。

❷ 洗净的白洋葱、红洋葱，切大片。

❸ 洗净的红葱头先切条，再切成小块。

❹ 蒜瓣切碎；干辣椒切成段；香菜切成段。

❺ 锅中注水，大火烧开，倒入备好的毛豆，汆煮片刻捞出，装碗，放凉备用。

❻ 热锅注油烧热，倒入姜片、蒜末，倒入红葱头，再倒入干辣椒，翻炒片刻。

❼ 将处理好的鸡块倒入锅中，炒匀。

❽ 再倒入辣椒酱，炒匀。

❾ 倒入红洋葱、白洋葱，炒匀，倒入生抽，再倒入备好的毛豆，转中火翻炒一会儿。

❿ 最后倒入备好的花椒粒，翻炒均匀，关火后盛出装入干锅中，放上香菜段即可。

 美味秘笈

在汆煮毛豆时，也可加入几滴食用油和少许盐，可保持食材的翠绿。

香辣蟹火锅

烹饪时间：20分钟 | 功效：延缓衰老 | 口味：香辣

原料

螃蟹200克，姜片、葱段、香菜各少许，熟白芝麻15克，朝天椒段30克，花椒粒、八角、桂皮各适量

调料

豆瓣酱40克，盐、鸡粉、胡椒粉各2克，食用油适量

做法

❶ 用油起锅，倒入备好的香料、豆瓣酱，爆香。

❷ 倒入螃蟹、朝天椒段，加入葱段、姜片，炒匀。

❸ 加入适量的清水，拌匀，煮至沸腾。

❹ 加盖，大火煮开后转小火煮10分钟。

❺ 揭盖，加盐、鸡粉、胡椒粉，拌匀入味。

❻ 将煮好的菜肴盛入电火锅中，撒上熟白芝麻，放上香菜即可食用。

 美味秘笈 ▏螃蟹在食用时一定要去除蟹心，以免影响健康。

鸭掌火锅

🍲 烹饪时间：45分钟 | 功效：均衡营养 | 口味：麻辣

原料

高汤800毫升，干辣椒段30克，豆豉20克，姜片、小葱段各10克，鸭掌250克，香菜50克，蒜苗50克，魔芋豆腐50克，去皮白萝卜50克，芹菜50克

调料

郫县豆瓣酱50克，花椒、冰糖各10克，绍酒10毫升，盐5克

做法

❶ 白萝卜切片；魔芋豆腐切块；蒜苗、芹菜、香菜各切去根部，切两段。

❷ 沸水锅中倒入洗净的鸭掌，氽煮2分钟至去除腥味和脏污，捞出沥干水分。

❸ 用油起锅，放入姜片，爆香，倒入郫县豆瓣酱，放入小葱段、花椒、干辣椒段，炒香约1分钟。

❹ 倒入豆豉，炒匀，注入高汤；放入冰糖，搅拌至冰糖稍微溶化，用大火煮开后转小火煮约30分钟至入味。

❺ 揭盖，加入绍酒，放入盐，搅匀调味，稍煮2分钟至汤底香浓，关火后将汤底盛入电火锅中。

❻ 电火锅接通电源，大火煮沸，放入氽好的鸭掌，加入切好的魔芋豆腐。

❼ 倒入切好的白萝卜片；加盖，煮10分钟至食材微软。

❽ 放入切好的芹菜段、香菜段、蒜苗，稍煮1分钟即可。

干锅土豆鸡

烹饪时间：30分钟｜功效：美容安神｜口味：香辣

原料

鸡腿一个，土豆片适量，蒜薹一小把，干辣椒适量，蒜瓣几颗，姜适量，花椒适量，香菜几根

调料

蚝油一大勺，盐适量，鸡粉2克，生抽3毫升，辣椒油、食用油各适量

做法

① 洗净的鸡腿斩成小块，装入碗中。
② 加入适量料酒、盐，搅拌均匀，腌渍片刻。
③ 洗净的蒜薹切成段。
④ 姜切成片；蒜瓣切成片。
⑤ 干辣椒切成小段；洗净的香菜切成段。
⑥ 热锅注油烧热，倒入蒜薹，翻炒片刻，盛出装入碗中，待用。
⑦ 锅中注油烧热，倒入准备好的土豆片，滑油片刻后盛出装入碗中。
⑧ 锅底留油，倒入腌渍好的鸡肉，翻炒至变色，再倒入姜片、蒜片、干辣椒、花椒粒炒匀炒香。
⑨ 加入生抽、蚝油，淋入辣椒油，再加入适量鸡粉，翻炒上色，倒入备好的土豆片、蒜薹，翻炒均匀。
⑩ 关火后将炒制好的食材盛出，装入准备好的干锅中，放上香菜段即可。

 美味秘笈 　鸡腿需要腌渍一下，这样味道更好。

干锅鳝鱼

烹饪时间：25分钟｜功效：补脑健身｜口味：鲜辣

 原料

鳝鱼500克，黄瓜100克，青椒25克，干辣椒15克，姜适量，花椒粒、葱白、蒜片各少许

 调料

食用油适量，鸡粉3克，生抽5毫升，辣椒酱适量，蚝油10克，盐、料酒各适量

 做法

① 将鳝鱼宰杀，去骨，去内脏。

② 将鳝鱼切成5厘米左右的小段，装入碗中，倒入适量料酒和少许盐，搅拌均匀，腌制片刻。

③ 黄瓜去皮，切成4厘米长的段，

④ 洗净的青椒去蒂，切滚刀块；干辣椒切成段。

⑤ 蒜切片；姜切片；葱白切段。

⑥ 热锅注油，倒入备好的鳝鱼段，快速翻炒。

⑦ 倒入姜片、蒜片、干辣椒、花椒粒，翻炒均匀，炒香。再倒入辣椒酱，翻炒均匀，倒入适量生抽、蚝油、鸡粉，炒匀。

⑧ 将黄瓜块倒入锅中，再倒入青椒，翻炒一会儿。

⑨ 再倒入葱段，炒匀。

⑩ 关火后，将炒制好的食材盛出装入干锅中即可。

 美味秘笈 因为用干锅上桌还要继续加热，所以鳝鱼氽水和滑油的时间不要太长，否则易变老。

啤酒鸭火锅

烹饪时间：20分钟 | 功效：清热利水 | 口味：辣

 原料 ....

片鸭800克，啤酒330毫升，八角2个，陈皮、香叶、花椒各适量，朝天椒、干辣椒各适量，蒜瓣、姜片各适量，葱2根

 调料 ....

鸡粉、胡椒粉各5克，老抽10毫升，盐适量，料酒10毫升，蚝油10克，豆瓣酱适量

 做法 ....

❶ 蒜瓣切片；葱切段。

❷ 洗净的朝天椒切成圈用；干辣椒切段。

❸ 洗净的片鸭斩成小块，装入碗中，待用。

❹ 锅中注水大火烧开，倒入切好的鸭块，余煮去除杂质。余煮片刻后捞出沥干水分，装入碗中，待用。

❺ 锅置旺火上，烧热后，倒入适量食用油，烧至五成热，放入姜片、蒜片、豆瓣酱、干辣椒、葱段，快速炒匀，再倒入花椒粒，炒香；倒入朝天椒。

❻ 再倒入余煮好的鸭块，炒匀上色。

❼ 淋入适量料酒，加入八角、香叶、陈皮，翻炒片刻。

❽ 淋入老抽，加入少许盐、胡椒粉、蚝油，再加入适量鸡粉，炒匀，倒入准备好的啤酒，再加入适量的清水，稍煮一会儿至食材熟透。

❾ 关火后，将炒制好的食材盛出装入电火锅中。

❿ 插上电源即可享用。

 美味秘笈

1. 涮火锅的食材可根据个人喜好，涮香菇、豆皮、青笋之类的菜。

2. 炒鸭子不用放太多油，鸭肉本身油比较多，放太多油比较腻。

麻辣蟹火锅

🍲 烹饪时间：42分钟 │ 功效：抗氧化 │ 口味：麻辣

原料

高汤800毫升，干辣椒段30克，豆豉20克，姜片、小葱段各10克，螃蟹1只，花菜50克，菠菜50克，小白菜50克，生菜50克，黄豆芽50克，水发粉丝50克，香菜少许

调料

花椒、冰糖各10克，绍酒10毫升，盐5克，豆瓣酱适量

做法

❶ 菠菜、小白菜去根部，切两段；洗净的花菜切小块。

❷ 用油起锅，放入姜片，爆香，倒入郫县豆瓣酱，放入小葱段、花椒、干辣椒段，炒香约1分钟。

❸ 倒入豆豉，翻炒均匀；注入高汤，搅匀。

❹ 放入冰糖，搅拌至冰糖稍微溶化，用大火煮开后转小火煮约30分钟至入味。

❺ 加入绍酒、盐，搅匀调味，稍煮2分钟至汤底香浓；关火后将汤底盛入电火锅中。

❻ 电火锅接通电源，大火煮沸，放入处理干净的螃蟹，倒入切好的花菜，搅匀，煮5分钟至食材熟透。

❼ 放入洗净的黄豆芽，搅匀，稍煮2分钟至黄豆芽熟软；放入泡好的粉丝，搅匀。

❽ 倒入切好的菠菜、小白菜和洗净的生菜，搅匀；稍煮1分钟至食材熟软，放上香菜即可食用。

酸汤火锅鸡

烹饪时间：42分钟 | 功效：利肠通便 | 口味：酸辣

原料

酸菜50克，老豆腐100克，高汤200毫升，泡小米椒50克，姜末、蒜末各15克，大葱碎适量，鸡肉块200克，鸡胗100克，鸡血100克，金针菇50克，香菇50克，去皮莴笋50克

调料

盐8克，鸡粉5克，胡椒粉3克，料酒10毫升，芝麻油、食用油各适量

做法

❶ 酸菜切条；豆腐切块；泡小米椒切粒；鸡血切厚片。

❷ 洗好的金针菇切去根部；莴笋切圆片；洗净的香菇对半切开；洗好的鸡胗切块。

❸ 沸水锅中倒入洗净的鸡肉块、鸡胗，汆烫约1分钟至去除血水和脏污，捞出沥干水分，装盘待用。

❹ 用油起锅，倒入姜末，爆香，放入切好的酸菜，倒入蒜末，翻炒半分钟至飘出香味。

❺ 倒入泡小米椒，注入高汤，大火煮开；加盐、鸡粉、料酒，放入切好的豆腐，稍稍搅匀，稍煮3分钟至沸腾。

❻ 倒入胡椒粉，放入大葱碎，淋入芝麻油，稍煮1分钟。

❼ 将煮好的酸汤锅底盛入电火锅中，高温加热煮开；待电火锅煮开，放入汆烫好的鸡肉块和鸡胗。

❽ 放入香菇，煮约10分钟至熟；放入鸡血、莴笋，煮约10分钟至熟软；放入金针菇，煮约4分钟，即可食用。

海带鸭火锅

烹饪时间：60分钟 | 功效：降脂降压 | 口味：鲜辣

原料

高汤800毫升，干辣椒段30克，豆豉20克，姜片、小葱段各10克，鸭肉块250克，海带100克，大白菜50克，油麦菜50克，水发木耳50克，去皮莲藕50克

调料

郫县豆瓣酱50克，花椒10克，冰糖10克，绍酒10毫升，盐5克

做法

❶ 莲藕切块，大白菜切大块；油麦菜去根部，切两段。

❷ 用油起锅，放入姜片，爆香，倒入郫县豆瓣酱。

❸ 放入小葱段、花椒、干辣椒段，炒香约1分钟，倒入豆豉，翻炒均匀，注入高汤，搅匀。

❹ 放入冰糖，搅拌至冰糖稍微溶化，用大火煮开后转小火煮约30分钟至入味，加入绍酒，放入盐，搅匀调味，稍煮2分钟至汤底香浓。

❺ 关火后将汤底盛入电火锅中；接通电源，大火煮沸，放入洗净的鸭肉块。

❻ 加入切好的莲藕块，煮约20分钟至食材熟透。

❼ 放入洗好的海带、泡好的木耳、切好的大白菜，煮约5分钟至食材熟软。

❽ 揭盖，放入切好的油麦菜，搅匀，稍煮1分钟至熟透，边煮边享用即可。

豆花鱼火锅

烹饪时间：8分钟｜功效：降低血脂｜口味：麻辣

原料

豆腐花240克，鱼头块、鱼骨块300克，鱼肉200克，芹菜35克，朝天椒20克，八角、桂皮、花椒各少许

调料

盐、鸡粉各4克，白糖2克，料酒20毫升，花椒油12毫升，豆瓣酱7克，辣椒油8毫升，火锅底料适量

做法

❶ 洗好的芹菜切成小段；洗净的朝天椒切成圈，待用。

❷ 处理干净的鱼肉用斜刀切片。

❸ 将鱼肉片装入碗中，加少许盐、鸡粉、料酒，搅匀，倒入水淀粉，搅拌至上浆，注入少许食用油，腌渍约10分钟。

❹ 把鱼头、鱼骨装入碗中，放入少许盐、鸡粉、料酒，拌匀，腌渍10分钟至其入味。

❺ 用油起锅，加入八角、桂皮和花椒，爆香。

❻ 放入火锅底料，翻炒至完全溶化，倒入鱼头、鱼骨，翻炒片刻，淋入料酒，炒匀提味。

❼ 注入适量清水，略微煮一会儿，用中火煮约3分钟，揭开锅盖，加入豆瓣酱、白糖，翻炒匀。

❽ 淋入花椒油、辣椒油，拌匀，煮至白糖溶化，盛出锅中的材料，装入火锅盆中。

红汤酸菜鱼火锅

烹饪时间：38分钟 | 功效：驱寒暖身 | 口味：酸辣

原料

干辣椒20克，葱段、姜片各10克，高汤500毫升，草鱼250克，酸菜100克，熟毛肚50克，大白菜50克，上海青50克，水发粉丝50克，香叶5克，草果5个，桂皮10克，八角30克，茴香20克

调料

豆瓣酱40克，食用油、醪糟、辣椒油各适量

做法

❶ 洗净的酸菜切成条，再切成段；熟毛肚切成片。

❷ 大白菜切成块；处理好的草鱼斜刀切成片，待用。

❸ 用油起锅，倒入豆瓣酱，翻炒出香味。

❹ 再倒入香叶、桂皮、草果、八角、茴香，炒匀。

❺ 倒入备好的葱段、姜片、干辣椒，翻炒香。

❻ 再倒入高汤，加入适量的醪糟，大火煮开后转小火煮20分钟。

❼ 掀开锅盖，将煮好的红汤锅底倒入电火锅，淋上少许的辣椒油，继续高温加热即可。

❽ 待锅底煮沸，倒入毛肚片、酸菜段，搅拌匀，焖煮片刻，煮至沸。

❾ 掀开锅盖，倒入白菜块，拌匀，将其煮软。

❿ 再放入鱼肉片、粉丝、上海青，煮至食材全部熟透，边煮边享用即可。

 美味秘笈 | 桂皮一定要完全炒出香味后再加入别的材料，以免影响口感。

麻辣黄鱼火锅

烹饪时间：93分钟 | 功效：降热除燥 | 口味：麻辣

原料

汤底高汤800毫升，干辣椒段30克，豆豉20克，姜片、小葱段各10克，黄鱼250克，牛腩片100克，去皮白萝卜50克，水发红薯粉50克，香菜50克，小白菜50克，水发黑木耳50克

调料

郫县豆瓣酱50克，花椒、冰糖各10克，绍酒10毫升，盐5克

做法

❶ 香菜去根部，切两段；红薯粉切两段；白萝卜切片。

❷ 用油起锅，放入姜片，爆香，倒入郫县豆瓣酱。

❸ 放入小葱段、花椒、干辣椒段，炒香约1分钟。

❹ 倒入豆豉，翻炒均匀。

❺ 注入高汤，搅匀，放入冰糖，搅拌至冰糖稍微溶化，用大火煮开后转小火煮约30分钟至入味。

❻ 揭盖，加入绍酒、盐，搅匀调味，稍煮2分钟至汤底香浓。

❼ 关火后将汤底盛入电火锅中，大火煮沸，放入洗净的牛腩片，煮约50分钟至牛腩片熟软，揭盖，放入洗净的黄鱼，倒入泡好的木耳、切好的白萝卜片，搅匀，煮5分钟至食材熟透。

❽ 放入红薯粉，搅匀，加盖，煮2分钟至红薯粉熟软，放入洗净的小白菜、切好的香菜，煮约1分钟即可食用。

Part 4

千年巴蜀尽风味

　　要承受多少载岁月的考验方能称作经典，我不知道。我只知道，这些上世纪流传下来的绝味川菜，至今还有很多人喜欢。

　　寒来暑往，秋去春来，开了多少家新菜馆，又关了多少间老饭店，早已无人知晓。你我知晓的只是，彼此互不相识，下馆子，却会点上一道同样的川菜。

口水鸡

烹饪时间：17分钟 | 功效：益气养血 | 口味：麻辣

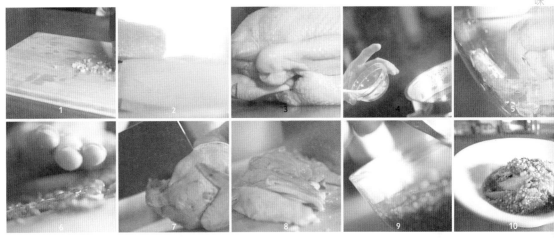

原料

全鸡1000克，桂皮4克，八角2个，油炸花生米40克，大蒜30克，小葱15克，白芝麻4克

调料

老抽、生抽各5毫升，花椒油10毫升，芝麻油5毫升，辣椒油4毫升，胡椒粉、白糖、鸡粉各2克，盐3克

做法

① 取部分小葱去掉根部，改切成葱花，剩下的打成结。

② 大蒜切末；去皮生姜取部分切片，剩下的切末。

③ 鸡爪去除指甲，将其塞入腹部定型；将姜片、葱结放入鸡腹中，去腥味。

④ 热锅注水，烧热，放入全鸡，加入盐、八角、桂皮，煮10分钟。

⑤ 揭盖，将煮好的鸡肉取出放入碗中。将冰块放鸡肉中冰镇3分钟，使得鸡皮爽脆，将鸡肉取出沥干水。

⑥ 花生米用刀压碎，去皮备用。

⑦ 将鸡肉从中间切开，取出姜片、葱段。

⑧ 将鸡肉切成小块。

⑨ 在盛有蒜末的碗中，加盐、白糖、白芝麻、胡椒粉、鸡粉、花生碎、生抽、辣椒油、老抽、花椒油、凉开水、芝麻油、葱花，拌匀制成酱汁。

⑩ 将制好的酱汁淋在鸡肉上。

美味秘笈

整鸡定型的方法：将鸡的大腿骨斩断，将一翅膀从颈部刀口处插入，从口内穿出，鸡头别在翅膀下面，另一翅膀别在背上，再把脚爪交叉插在鸡腹内，即可定型。

沸腾虾

🍲 烹饪时间：3分钟｜功效：预防高血压｜口味：鲜

原料

基围虾300克，干辣椒10克，花椒7克，蒜末、姜片、葱段各少许

调料

盐、味精、鸡粉、辣椒油、豆瓣酱各适量

做法

❶ 将已洗净的虾切去头须、虾脚。

❷ 用油起锅，倒入蒜末、姜片、葱段，加入干辣椒、花椒爆香，再加入豆瓣酱炒匀，倒入适量清水。

❸ 放入辣椒油，再加入盐、味精、鸡粉调味，倒入虾，约煮1分钟至熟。

❹ 将虾快速翻炒片刻，盛出装盘即可。

 美味秘笈 爆香佐料时用中小火将香味慢慢调出来，倒入虾再转大火爆炒，能使虾入味且保证其鲜香嫩滑。

青椒豆豉盐煎肉

🍲 烹饪时间：2分钟 ｜ 功效：补肾养血 ｜ 口味：辣

原料

五花肉300克，青椒25克，红椒10克，豆豉、姜片、蒜末、葱段各少许

调料

辣椒酱12克，老抽2毫升，料酒4毫升，生抽5毫升，食用油适量

做法

❶ 锅中注入适量清水烧开，放入洗净的五花肉，用中火煮约15分钟，至其熟软，捞出沥干水分，放凉待用。

❷ 将洗净的青椒、红椒各切圈；把放凉的五花肉切成薄片，备用。

❸ 用油起锅，倒入肉片，炒至出油，淋上少许老抽，炒匀上色；倒入适量生抽，炒香炒透，放入豆豉、姜片、蒜末、葱段，炒匀。

❹ 淋入适量料酒，炒匀提味，放入切好的青椒、红椒、翻炒匀；再加入适量辣椒酱，用中火翻炒片刻，至食材入味，关火后盛出炒好的菜肴，装入盘中即成。

 美味秘笈　　豆豉有一定的咸味，因此没有必要再放盐。

丁香鸭

烹饪时间：33分钟 | 功效：温脾益胃 | 口味：咸香

 原料

鸭肉400克，桂皮、八角、丁香、草豆蔻、花椒各适量，姜片、葱段各少许

调料

盐2克，冰糖20克，料酒5毫升，生抽6毫升，食用油适量

 做法

❶ 将洗净的鸭肉斩成小件。

❷ 锅中注入适量清水烧开，倒入鸭肉块，淋入少许料酒，拌匀。

❸ 余煮约2分钟，去除血渍，捞出，沥干水分，待用。

❹ 用油起锅，撒上姜片、葱段，爆香，倒入鸭肉。

❺ 炒匀，淋入少许料酒，炒出香味，淋上适量生抽，炒匀炒透。

❻ 加入冰糖，炒匀，放入备好的桂皮、八角、丁香、草豆蔻、花椒，炒匀炒香，注入适量清水，大火煮沸。

❼ 加入少许盐，转中小火焖煮约30分钟，至食材熟透。

❽ 揭盖，拣出姜葱以及其他香料，再转大火收汁，关火后盛出焖好的菜肴，装在盘中，摆好盘即可。

五香粉蒸牛肉

🍲 烹饪时间：20分钟｜功效：强筋健骨｜口味：辣

原料

牛肉150克，蒸肉米粉30克，蒜末、姜末、葱花各3克

调料

豆瓣酱10克，盐3克，料酒、生抽各8毫升，食用油适量

做法

1. 将洗净的牛肉切片。
2. 把牛肉片放入碗中，放入料酒、生抽、盐，撒上蒜末、姜末。
3. 倒入豆瓣酱，拌匀，加入蒸肉米粉，拌匀。
4. 注入食用油，拌匀，腌渍一会儿。
5. 再转到蒸盘中，摆好造型。
6. 备好电蒸锅，烧开水后放入蒸盘。
7. 盖上盖，蒸约15分钟，至食材熟透。
8. 断电后揭盖，取出蒸盘，趁热撒上葱花即可。

 美味秘笈

牛肉块最好切得均匀一些，不仅摆盘美观，而且蒸熟后口感也更好。

金汤肥牛

🍲 烹饪时间：3分钟 ｜功效：健脾益胃 ｜口味：鲜

 原料 ....

熟南瓜300克，肥牛卷200克，
朝天椒圈少许

 调料 ....

盐、味精、鸡粉、水淀粉、
料酒各适量

做法 ....

① 熟南瓜装入碗内，加少许清水，将南瓜压烂拌匀。
② 滤出南瓜汁备用。
③ 锅中加清水烧开，倒入肥牛卷拌匀。
④ 煮沸后捞出。
⑤ 起油锅，倒入肥牛卷，加入料酒炒香。
⑥ 倒入南瓜汁。
⑦ 加盐、味精、鸡粉调味。
⑧ 加入水淀粉勾芡，淋入熟油，拌匀。
⑨ 烧煮约1分钟至入味。
⑩ 盛出装盘，用朝天椒点缀即可。

 美味
秘笈 1. 倒入牛肉卷煮时应注意火候，不要将其煮得过熟，牛肉太熟会变老，影响口感。2. 不可放酱油，否则会破坏"金汤"的效果。

113

川辣红烧牛肉

烹饪时间：30分钟｜功效：和胃调中｜口味：辣

卤牛肉200克，土豆100克，大葱30克，干辣椒10克，香叶4克，八角、蒜末、葱段、姜片各少许

【调料】

生抽5毫升，老抽2毫升，料酒4毫升，豆瓣酱10克，水淀粉、食用油各适量

❶ 将卤牛肉切条形，再切成小块；把洗净的大葱用斜刀切段；洗好去皮的土豆切片，再切成大块；热锅注油，烧至四成热，倒入土豆，拌匀，炸半分钟，至其呈金黄色；捞出炸好的土豆，沥干油，待用。

❷ 锅底留油烧热，倒入干辣椒、香叶、八角、蒜末、姜片，炒香。

❸ 放入卤牛肉，加入适量料酒、豆瓣酱，炒香，再放入生抽、老抽，炒匀，注入适量清水，煮20分钟，至入味。

❹ 倒入土豆、葱段，炒匀，用小火续煮5分钟至食材熟，拣出香叶、八角，倒入水淀粉勾芡即可出锅。

美味秘笈 ｜ 炸土豆时油温不宜过高，以免炸焦。

家常豆豉烧豆腐

烹饪时间：3分钟 | 功效：清热润燥 | 口味：辣

原料

豆腐450克，豆豉10克，蒜末、葱花各少许，彩椒25克

调料

盐3克，生抽4毫升，鸡粉2克，辣椒酱6克，食用油适量

做法

❶ 彩椒切成小丁；豆腐切成条，改切成小方块。

❷ 锅中注水烧开，加少许盐；倒入豆腐块，焯煮约1分钟，捞出沥干水分。

❸ 用油起锅，倒入豆豉、蒜末，爆香，放入彩椒丁、豆腐块，注入适量水，轻轻拌匀。

❹ 加入少许盐、生抽、鸡粉、辣椒酱，拌匀调味。

❺ 用大火略煮一会儿，至食材入味。

❻ 倒入适量水淀粉，搅拌至汤汁收浓，盛出炒好的食材，装入盘中，撒上葱花即可。

美味秘笈　焯过水的豆腐可以过一次凉开水，这样可以使其口感更佳。

毛血旺

烹饪时间：9分钟 | 功效：增强免疫力 | 口味：麻辣

原料

鸭血450克，牛肚500克，鳝鱼100克，黄花菜、水发木耳各70克，莴笋50克，火腿肠、豆芽各45克，红椒末、姜片各30克，干辣椒段20克，葱段、花椒各少许

调料

高汤、料酒、豆瓣酱、盐、味精、白糖、辣椒油、花椒油、食用油各适量

做法

❶ 把牛肚切成小块；宰杀处理干净的鳝鱼切小段；鸭血切小方块；去皮洗净的莴笋切片；火腿肠切片。

❷ 锅中倒入适量清水烧热，倒入鳝鱼；淋入少许料酒，拌匀；余去血渍，捞出备用。

❸ 倒入牛肚，余煮至熟，捞出备用；再倒入鸭血，煮至熟，捞出沥干水分。

❹ 炒锅注油烧热，倒入红椒末、姜片、葱白，煸炒香。

❺ 加入豆瓣酱，拌炒匀。

❻ 注入适量高汤，焖煮约5分钟。

❼ 加盐、味精、白糖，淋入少许料酒。

❽ 倒入洗净的黄花菜、木耳、豆芽。

❾ 再放入香肠、莴笋，拌匀，煮至材料熟透，调小火，将材料捞出备用。

❿ 再将余煮过的毛肚、鳝鱼、鸭血放入锅中煮至熟透，盛入同一碗中。另起锅烧热，倒入适量辣椒油、花椒油，再放入干辣椒段、花椒，煸炒香，起锅倒在碗中，最后撒上葱叶，浇上少许热油，即可食用。

 美味秘笈 | 牛肚入锅煮的时间不宜太久，否则煮得过烂，吃起来口感很差。可以待锅中水煮沸后再下入锅中，就能保持有其脆嫩的口感。

蚂蚁上树

🍲 烹饪时间：4分钟 | 功效：改善缺铁性贫血 | 口味：辣

 原料

肉末200克，水发粉丝300克，朝天椒末、蒜末、葱花各少许

 调料

料酒10毫升，豆瓣酱15克，生抽8毫升，陈醋8毫升，盐、鸡粉各2克，食用油适量

 做法

❶ 洗好的粉丝切段，备用。

❷ 用油起锅，倒入肉末，翻炒松散，至其变色，淋入适量料酒，炒匀提味，放入蒜末、葱花，炒香。

❸ 加入豆瓣酱，倒入生抽，略炒片刻，放入粉丝段，翻炒均匀。

❹ 加入适量陈醋、盐、鸡粉，炒匀调味，放入朝天椒末、葱花，炒匀，关火后盛出炒好的食材，装入盘中即可。

 美味秘笈

粉丝入锅后要不停地翻炒，以免粘连在一块儿。

宫保鸡丁

烹饪时间：4分钟 | 功效：强身健体 | 口味：辣

原料

鸡胸肉300克，黄瓜800克，花生50克，干辣椒7克，蒜头10克，姜片少许

调料

盐5克，味精2克，鸡粉3克，料酒3毫升，生粉、辣椒油、芝麻油、食用油各适量

做法

❶ 洗净的鸡胸肉切1厘米厚的片，切条，切成丁。

❷ 洗净的黄瓜切成丁；洗净的蒜头切成丁。

❸ 鸡丁中加少许盐、味精、料酒、生粉拌匀，再加少许食用油拌匀，腌渍10分钟。

❹ 锅中加约600毫升清水烧开，倒入花生，煮约1分钟，将煮好的花生捞出，沥干水分。

❺ 热锅注油，烧至六成热，倒入煮好的花生，炸约2分钟至熟透，将炸好的花生捞出，放入鸡丁，搅散，炸至转色即可捞出。

❻ 用油起锅，倒入大蒜、姜片爆香，倒入干辣椒炒香。

❼ 倒入黄瓜炒匀，加入盐、味精、鸡粉炒匀，倒入鸡丁翻炒匀。

❽ 加少许辣椒油、芝麻油炒匀，继续翻炒，倒入炸好的花生米即可。

干煸四季豆

烹饪时间：3分钟 | 功效：增强食欲 | 口味：辣

原料

四季豆300克，干辣椒3克，蒜末、葱白各少许

调料

盐、味精各3克，生抽、豆瓣酱、料酒、食用油各适量

做法

1. 四季豆洗净切段。
2. 热锅注油，烧至四成热，倒入四季豆，滑油片刻捞出。
3. 锅底留油，倒入蒜末、葱白，再放入洗好的干辣椒爆香。
4. 倒入滑油后的四季豆，加盐、味精、生抽、豆瓣酱、料酒，翻炒至入味，盛出装盘即可。

美味秘笈 四季豆滑油前，应沥干水分。滑油后的四季豆用大火快速翻炒至入味，这样炒出来的四季豆口感更佳。

歌乐山辣子鸡

🍲 烹饪时间：2分钟 │ 功效：温中益气 │ 口味：辣

原料

鸡腿肉300克，干辣椒30克，芹菜12克，彩椒10克，葱段、蒜末、姜末各少许

调料

盐3克，鸡粉少许，料酒4毫升，辣椒油、食用油各适量

做法

❶ 将洗净的鸡腿肉斩开，改切小块；洗好的芹菜斜刀切段；洗净的彩椒切开，切条形，改切菱形片。

❷ 热锅注油，烧至五六成热，倒入鸡块，拌匀，用中小火炸出香味，至食材断生后捞出，沥干油，待用。

❸ 用油起锅，倒入姜末、蒜末、葱段，爆香。

❹ 倒入炸好的鸡块，炒匀，淋入少许料酒，炒出香味。

❺ 放入备好的干辣椒，炒出辣味。

❻ 加入少许盐、鸡粉，炒匀调味。

❼ 倒入切好的芹菜和彩椒，炒匀炒透。

❽ 淋入适量辣椒油，炒匀，至食材入味，关火后盛出炒好的菜肴，装在盘中即可。

回锅肉

烹饪时间：10分钟 │ 功效：滋阴润燥 │ 口味：辣

原料

猪肉200克，大葱30克，蒜苗25克，生姜30克，红椒65克，大蒜30克，花椒粒5克

调料

盐3克，豆豉20克，鸡粉15克，糖15克，辣椒油10毫升，生抽10毫升，豆瓣酱50克，料酒30毫升，食用油适量

做法

① 生姜去皮，取部分切成末。

② 剩余再切成姜片，待用；大蒜去皮切成蒜末，待用。

③ 热锅注水煮沸，放入少许姜片、葱段、花椒、料酒、盐、带皮五花肉，盖上锅盖煮15分钟至断生。

④ 洗净的蒜苗切成段。

⑤ 洗净的红椒对半切开，去籽，切成菱形块，待用。

⑥ 揭开锅盖，将煮好的五花肉捞出，焯好的五花肉切薄片（切肉刀要快，以保持肉片完整）。

⑦ 切好的肉片淋少许生抽，用手抓匀，使肉更入味。

⑧ 热锅注油烧至六成热，放入五花肉，炸4分钟至表面金黄捞出。

⑨ 热锅注油烧热，倒入切好的姜末、蒜末、少许豆瓣酱、豆豉、糖，炒出香味，放入炸好的五花肉，反复翻炒均匀。

⑩ 再倒入少许料酒、生抽、红椒、蒜苗、葱段、鸡粉、辣椒油，爆炒出香味，将菜肴盛至备好的盘中即可。

美味秘笈｜五花肉不要切得太厚，炸的时候更易出油，逼出猪油后，吃起来口感不会太油腻。

酸菜鱼

烹饪时间：25分钟 ｜ 功效：抗衰美容 ｜ 口味：酸

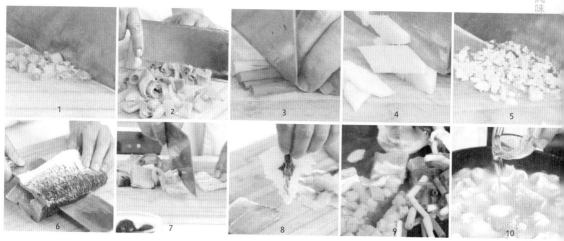

原料

草鱼500克，酸菜200克，姜片、小米椒各2克，葱花13克，珠子椒60克，香菜2克，白芝麻、蒜各少许，花椒2克

调料

盐3克，胡椒粉6克，料酒、蛋清、白糖、食用油、生粉、米醋各适量

做法

① 泡小米椒切成段。

② 洗好的酸菜切成段。

③ 洗净的葱切成段。

④ 生姜切成菱形片。

⑤ 蒜去皮，切成末。

⑥ 鱼身对半片开。

⑦ 将鱼骨与鱼肉分离，鱼骨斩成段。片开鱼腩骨，切成段，再将鱼肉切成薄片，装入另一个碗中。

⑧ 在装有鱼片的碗中加入盐、料酒、蛋清、拌匀，再倒入生粉，充分拌搅拌均匀，腌渍3分钟入味。

⑨ 热锅注油，放入姜片，爆香。放入鱼骨，炒香，加入小米辣、葱段、酸菜、炒香，注入适量清水，煮沸，放入珠子椒，续煮一会儿，盛出鱼骨和酸菜，汤底留锅中。

⑩ 鱼片放入锅中，放入盐、糖、胡椒粉、米醋，稍稍拌匀后继续煮至鱼肉微微卷起、变色，捞入碗中，加入蒜末、花椒、白芝麻，另起锅注入少许油烧热，舀出浇入碗中，放入香菜即可。

美味秘笈 | 鱼片易碎，所以将鱼片放入汤中时宜用筷子轻轻拨散，不要用力翻炒。鱼片煮变色即可，不可煮久，否则肉质会变老。

东坡墨鱼

烹饪时间：2分钟 ｜ 功效：降脂减肥 ｜ 口味：辣

墨鱼300克，蒜末、姜末、红椒末、葱丝、葱段各少许

料酒、盐、生粉、味精、白糖、陈醋、生抽、老抽、豆瓣酱、水淀粉、芝麻油、食用油各适量

做法

❶ 把宰杀处理干净的墨鱼划开成两片，再切上一字花刀；豆瓣酱切碎备用。

❷ 墨鱼放入盘中，加入料酒、盐，拌匀，腌渍3～5分钟。

❸ 锅中倒入适量清水烧热，分别放入墨鱼身、墨鱼须，汆至断生，捞出沥干水分备用。

❹ 把汆煮过的墨鱼放入碗中，倒入适量生抽，拌匀，再撒上生粉，拌匀入味。

❺ 锅中注入适量食用油，烧至七成热，分别放入墨鱼身、墨鱼须，炸约1分钟至金黄色，捞出沥油备用。

❻ 热锅倒入少许食用油，烧至三成热，放入蒜末、姜末、红椒末、葱白，煸炒香。

❼ 注入少许清水。

❽ 放入陈醋、豆瓣酱，拌匀。

❾ 加入盐、味精、白糖、生抽、老抽调味，拌煮至沸。

❿ 倒入水淀粉勾芡，淋上少许芝麻油增香，制成稠汁，关火备用；将炸好的墨鱼放入盘中摆好，浇上锅中的稠汁，最后撒上葱丝即成。

美味秘笈

新鲜墨鱼烹制前，要将其内脏清除干净，因为其内脏中含有大量的胆固醇，多食无益。

自贡水煮牛肉

烹饪时间：10分钟 ｜ 功效：强健筋骨 ｜ 口味：辣

原料

牛里脊520克，黄豆芽162克，平菇142克，鸡蛋清30克，干辣椒9克，花椒3克，草果10克，香叶1克，大葱60克，姜50克，蒜42克，葱65克，桂皮6克

调料

料酒1毫升，生抽3毫升，生粉适量，白醋、盐各3克，郫县豆瓣酱42克，食用油适量

做法

① 细葱切成葱花；黄豆芽洗净。

② 牛肉切薄片。

❷ 蒜拍碎，去皮，一部分剁蒜末，一部分切片；姜去皮，一部分切片，一部分切丁；大葱切段。

④ 洗净的平菇撕成小瓣；牛肉中加入鸡蛋清、生粉、料酒、生抽，搅拌均匀，腌渍15分钟入味。

⑤ 热锅注油，烧至八成热，关火冷却1分钟后放入干辣椒、花椒，炒香，捞出，将炒过的干辣椒切碎，花椒捻碎后盛碗待用。

⑥ 热油锅中放入桂皮、草果、香叶，炒香，放入姜片、蒜片、大葱段，炒香后捞出。

⑦ 将豆瓣酱倒入锅中，小火炒出红油，再注入200毫升清水，烧开后放入黄豆芽、平菇炒2分钟至八成熟。

⑧ 夹起煮好的食材，装碗。

⑨ 锅中再放入白醋、盐、牛肉，使用筷子拨散开，煮2分钟，把煮好的牛肉浇在装有豆芽和平菇的碗中。

⑩ 铺入蒜末、花椒碎、干辣椒碎，再放上葱花，将油烧热，浇在食材上即可。

 美味秘笈　牛肉片要切得厚薄均匀，下入热汤锅中滑至颜色转白断生即需起锅，以免受热时间过长导致肉质变老。

129

干煸牛肉丝

🍲 烹饪时间：1分30秒 | 功效：强健筋骨 | 口味：辣

原料

牛肉300克，胡萝卜95克，芹菜90克，花椒、干辣椒、蒜末各少许

调料

盐4克，鸡粉3克，生抽5毫升，水淀粉5毫升，料酒10毫升，豆瓣酱10克，食粉、食用油各适量

做法

❶ 芹菜切成段；胡萝卜切条；牛肉切成丝，装入碗中，放入少许食粉、生抽、盐、鸡粉，抓匀，淋入适量水淀粉，再倒入少许食用油，腌渍10分钟，至其入味。

❷ 锅中注入适量清水烧开，放入少许盐，倒入切好的胡萝卜，搅散，煮1分钟，捞出沥干水分，备用。

❸ 热锅注油，烧至四成热，倒入腌好的牛肉，搅散，滑油至变色；捞出沥干油。

❹ 锅底留油，倒入花椒、干辣椒、蒜末，爆香，放入胡萝卜、芹菜，炒匀，倒入牛肉丝，淋入适量料酒，放入少许豆瓣酱、生抽，再加入适量盐、鸡粉，炒匀，关火后盛出炒好的牛肉丝，装入盘中即可。

 美味秘笈

切牛肉丝时，要顺着纹理横切，这样更易咀嚼。

酸汤牛腩

🍲 烹饪时间：122分钟｜功效：增强免疫力｜口味：酸

原料

牛腩500克，圣女果20克，野山椒15克，泡豆角、胡萝卜泡菜、白萝卜泡菜各100克，泡笋120克，泡菜汤250毫升，姜片少许

调料

盐、鸡粉、胡椒粉各2克，料酒10毫升

做法

❶ 将胡萝卜泡菜、泡笋切成滚刀块；白萝卜泡菜切成厚片；泡豆角切小段。

❷ 沸水锅中倒入切好的牛腩，加料酒，氽煮去腥。

❸ 砂锅中倒入泡菜汤、牛腩、泡豆角。

❹ 再加入白萝卜、胡萝卜、泡笋、姜片、野山椒、盐、料酒。

❺ 放入圣女果，续煮至熟。

❻ 加鸡粉、胡椒粉，关火后盛出。

 美味秘笈

可以依个人喜好，适当增减泡菜的分量或种类。

麻婆豆腐

🍲 烹饪时间：15分钟 ｜ 功效：预防骨质疏松 ｜ 口味：辣

 原料 ....

葱一根，大蒜两瓣，豆腐一块，鸡汤一碗

 调料 ....

淀粉10克，豆瓣酱35克，鸡粉3克，花椒粉3克

 做法 ....

❶ 洗净的葱、蒜压碎，切末。

❷ 豆瓣酱剁碎，使得菜色更美观以及更入味。

❸ 豆腐切成小块，放在备有清水的碗中，浸泡待用。

❹ 水淀粉勾芡好备用。

❺ 热锅注水烧热，将豆腐放入锅中，焯水2分钟，倒出备用。

❻ 热锅注油烧热，放入豆瓣酱炒香，放蒜末炒香。

❼ 倒入鸡汤拌匀烧开。

❽ 再倒入生抽，翻炒均匀。

❾ 放入豆腐烧开，撒入鸡粉，炒至均匀入味，加入水淀粉勾芡，撒入花椒粉调味。

❿ 撒入葱花，使得菜色更美观；关火，盛出炒好的菜肴放至备好的盘中即可。

 美味秘笈 | 若豆腐不能立刻烹饪，可以将豆腐泡在盐水中，这样可以保存5~7天。

鱼香茄子

烹饪时间：5分钟 ｜ 功效：延缓衰老 ｜ 口味：辣

原料

茄子300克，肉末30克，红椒、青椒各15克，生姜80克，小葱15克，大蒜2克

调料

生粉10克，豆瓣酱30克，陈醋5毫升，盐3克，料酒4毫升，白糖3克，生抽5毫升，食用油适量

做法

① 去皮洗净的茄子去蒂，刮去外皮，切片，切条，改切成丁。

② 洗净的红椒、青椒去柄，横刀切开，去籽，切成圈，装入盘中。

③ 洗净的小葱切成葱花；蒜瓣用刀压扁，切成碎；生姜去皮，切成菱形片；往备好的碗中放入生粉，加入适量的清水，制成水淀粉待用，往水淀粉中加入适量的陈醋，制成酱汁待用。

④ 热锅注油，烧至五成热，倒入茄丁，拌匀。

⑤ 炸约1分钟至金黄色，捞出备用。

⑥ 锅底留油，倒入肉末，炒至转色，将炒好的肉末盛入碗中待用。

⑦ 锅底留油，倒入姜片、蒜末爆香，倒入红椒圈、青椒圈、豆瓣酱，大火爆香。

⑧ 注入适量的清水，注入适量的料酒、生抽，拌匀。

⑨ 倒入茄子丁，翻炒入味。

⑩ 加入白糖、盐、调好味道的水淀粉，肉末炒匀，撒上葱花，拌匀，盛入碗中，点缀上芹菜叶即可。

 美味秘笈

肉末可以提前进行腌渍，这样更加入味。

魔芋烧鸭

烹饪时间：30分钟 ｜ 功效：促进消化 ｜ 口味：鲜辣

原料

鸭肉500克，魔芋300克，蒜瓣3颗，生姜17克，葱15克，干辣椒6克，桂皮3克，花椒1克，八角5个

调料

盐4克，水淀粉10克，生抽10毫升，料酒10毫升，食用油适量

做法

① 小葱、干辣椒切成段；洗净的鸭肉斩成小块。

② 洗净的魔芋划开成条状，再切成小方块。

③ 将魔芋放入沸水中煮约3分钟捞起待用；放入鸭肉，焯水3分钟，捞出用清水洗去油脂，放入碗中待用。

④ 蒜、生姜切成片。

⑤ 热锅注油，放入姜片、蒜片、葱，爆香。

⑥ 放入花椒、桂皮、八角、干辣椒，炒香。

⑦ 放入鸭肉炒约2分钟至鸭皮微微收紧。

⑧ 加入料酒去腥味，放入生抽，炒匀，注入清水400毫升，小火炖10分钟吸收汤汁。

⑨ 放入魔芋，炒匀，焖煮6分钟，至食材完全入味。

⑩ 加入盐调味，倒水淀粉勾芡，撒入葱叶，炒匀出锅。

 美味秘笈 | 烹饪魔芋不易入味，可将魔芋切成小块后，从中间划上一刀，这样接触面更多，更能吸收汤汁。

水煮肉片

烹饪时间：15分钟 | 功效：滋阴润燥 | 口味：辣

 原料

瘦肉210克，生菜150克，珠子椒20克，生姜、大蒜各15克，葱20克，干辣椒15克，花椒5克，鸡蛋1个

 调料

盐3克，料酒15毫升，生粉10克，豆瓣酱25克，鸡粉15克，鸡汤20毫升，辣椒油10毫升，食用油适量

 做法

❶ 干辣椒切段，待用。

❷ 大蒜去皮，切成蒜末，待用。

❸ 豆瓣酱切碎，使味道更浓郁。

❹ 姜切片后切丝，再切成姜末，待用。

❺ 洗净的瘦肉切成薄片，将肉片放入碗中，撒入盐、料酒、生粉。

❻ 将鸡蛋打入肉中搅拌均匀，腌渍入味5分钟；热锅注油烧热，放入蒜末爆香，后放入生菜，加入少许盐，炒匀，捞出盛盘。

❼ 热锅再注油烧热，放入蒜末、姜末、豆瓣酱、盐炒香，注入适量的鸡汤调味，再注入适量清水烧开。

❽ 将煮好的汤汁倒入过滤网中过滤除渣。

❾ 倒入锅中烧开，放入鸡粉，搅拌均匀。

❿ 放入肉片滑油，煮3分钟至肉变白，再捞至碗中。撒入花椒、干辣椒、蒜末、葱末，热锅烧油至八成热，浇至食材上，放入珠子椒，淋入辣椒油即可。

 美味秘笈

切辣椒的时候，涂抹适量的酒精或食醋可去除辣味。

番茄炖牛腩

烹饪时间：60分钟 | 功效：强身健体 | 口味：酸

原料

牛腩350克，土豆300克，西红柿180克，洋葱90克，姜片30克，花椒3克，八角3个，香菜1克

调料

盐、鸡粉各3克，番茄酱25克，生抽5毫升，料酒3毫升，食用油适量

做法

① 洗净去皮的土豆切滚刀块，放入清水中浸泡待用。
② 洗净的洋葱切成块状，待用；洗净的牛腩切成小块。
③ 将牛腩放入沸水中焯水2分钟至断生，将焯好水的牛肉放在清水中反复冲洗掉多余的油脂。
④ 西红柿划十字花刀，方便剥皮。
⑤ 放入热水锅中，煮30秒后煮取出。
⑥ 沿着切口撕去西红柿皮，去皮的西红柿去蒂，切成小块，待用。
⑦ 热锅注油烧热，倒入八角、花椒、姜片，爆香。
⑧ 倒入牛腩，淋入料酒、生抽，注入适量清水，盖上锅盖，小火慢炖40分钟。
⑨ 倒入土豆，拌匀，盖上锅盖，续炖10分钟至熟软。
⑩ 再揭开盖，倒入西红柿、洋葱，盖上盖，续炖5分钟至熟透。倒入番茄酱，加入盐、鸡粉，搅匀至入味。关火后将炖好的牛腩盛出装入碗中，放上香菜即可。

美味秘笈

1. 切牛腩时应横切，将长纤维切断，而且要切得比较小一点，这样更易入味，也更易嚼烂。 2. 炖牛肉一定要用小火，小火慢炖，肉才容易酥烂，如果持续大火的话，反而会硬，影响口感。

夫妻肺片

烹饪时间：5分钟 | 口味：补益脾胃 | 口味：辣

原料

熟牛肉80克，熟牛蹄筋150克，熟牛肚150克，青椒、红椒各15克，蒜末、葱花各少许

调料

生抽3毫升，陈醋、辣椒酱、老卤水、辣椒油、芝麻油各适量

做法

① 把牛肉、熟牛蹄筋、牛肚放入煮沸的卤水锅中。

② 小火煮15分钟。

③ 捞出放凉备用。

④ 洗净的青椒、红椒对半切开，先切成丝，再切成粒。

⑤ 把卤好的熟牛蹄筋切成小块；卤好的牛肉切成片。

⑥ 用斜刀将卤好的牛肚切成片，备用。

⑦ 取一个大碗，倒入切好的牛肉、牛肚、熟牛蹄筋，再倒入青椒、红椒、蒜末、葱花。

⑧ 倒入适量陈醋、生抽、辣椒酱、老卤水。

⑨ 倒入辣椒油、芝麻油。

⑩ 用小汤匙拌匀，盛出装盘即可。

 美味秘笈　牛筋、牛肚韧性大，在切时不宜切得太大，以免食用时久嚼不烂。

糖醋排骨

烹饪时间：5分钟 ｜ 功效：滋阴壮阳 ｜ 口味：酸甜

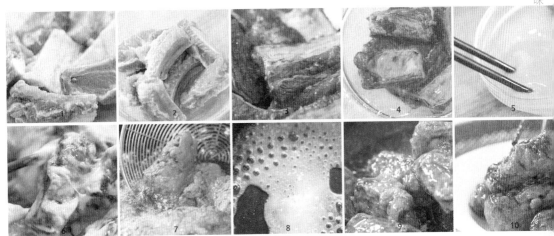

 原料

排骨350克，鸡蛋2个，面粉50克

 调料

盐3克，白醋10毫升，白糖25克，生抽10毫升，老抽5毫升，水淀粉10毫升，食用油适量

 做法

① 排骨斩成段，待用。

② 排骨洗净，沥干水分，盛入碗中待用。

③ 在盛有排骨的碗中，加入盐、生抽、老抽充分拌匀。

④ 将排骨装碗封上保鲜膜，腌渍10分钟至入味。

⑤ 面粉倒入备好的碗中，加入蛋液，搅拌均匀，待用。

⑥ 加入适量温开水，搅成面糊，将排骨放入，裹匀，热锅注油烧至五六成热（油面波动频繁，并开始冒出油烟），放入排骨。

⑦ 转小火炸约2分钟后捞出控油，稍微冷却后回锅炸1分钟至颜色呈焦黄色，捞出。

⑧ 锅底留油，加入少许温开水、白糖、白醋，不停地搅拌至白糖溶化，加入水淀粉勾芡，即成糖醋汁。

⑨ 倒入排骨，快炒让排骨均匀沾上糖醋汁即成。

⑩ 将菜肴盛入备好的盘子中。

 美味秘笈

倒入排骨后，要不停地翻炒以免煳锅，但烹饪时间不宜过久。调味要准确，糖醋比例可根据个人的口味调整，甜酸适口就好。

姜汁牛肉

烹饪时间：2分钟 | 功效：益气养血 | 口味：辣

卤牛肉100克，姜末15克，辣椒粉、葱花各少许

盐3克，生抽6毫升，陈醋7毫升，鸡粉、芝麻油、辣椒油各适量

❶ 将卤牛肉切成片。
❷ 摆入盘中。
❸ 取一个干净的碗，倒入姜末、辣椒粉。
❹ 放入少许葱花，加入适量盐、陈醋、鸡粉，加入少许生抽。
❺ 放入辣椒油，再倒入少许芝麻油。
❻ 将拌好的调味料浇在牛肉上，再放上葱花即可。

美味秘笈　　切牛肉时，要注意横断纹理切，这样口感更好。

怪味鸡丝

🍲 烹饪时间：19分钟 | 功效：清热解毒 | 口味：鲜

原料

鸡胸肉160克，绿豆芽55克，姜末、蒜末、葱花各少许

调料

芝麻酱5克，鸡粉2克，盐2克，生抽5毫升，白糖3克，陈醋6毫升，辣椒油10毫升，花椒油7毫升

做法

❶ 锅中注入适量清水烧开，倒入鸡胸肉，烧开后用小火煮约15分钟；关火后捞出鸡胸肉，放凉待用；把放凉的鸡胸肉切片，改切成粗丝。

❷ 锅中注入适量清水烧开，倒入洗好的绿豆芽，拌匀，煮至断生；捞出绿豆芽，沥干水分，放入盘中，待用。

❸ 将鸡肉丝放在绿豆芽上，摆放好。

❹ 取一个小碗，放入少许芝麻酱、鸡粉、盐、生抽、白糖、陈醋、辣椒油、花椒油，倒入蒜末、姜末，拌匀，调成味汁，浇在食材上，放上葱花即可。

 美味秘笈　绿豆芽不宜煮太久，以八九分熟为佳。

麻辣猪尾

🍲 烹饪时间：80分钟 ｜ 功效：补益精髓 ｜ 口味：辣

原料

猪尾300克，草果2个，香叶2
片，桂皮、干沙姜各3克，白
芷、豆蔻、八角各5克，干辣
椒20克，花椒粒15克，葱段、
姜片各少许，香菜少许

调料

豆瓣酱20克，生抽10毫升，老
抽5毫升，盐、鸡粉各4克，食
用油适量

做法

❶ 热锅注油烧热，倒入花椒粒、干辣椒、豆瓣酱，
炒香。

❷ 倒入草果、香叶、桂皮、八角、干沙姜、白芷、豆
蔻，拌匀。

❸ 注入500毫升清水。

❹ 放入葱段、姜片，拌匀。

❺ 加入生抽、老抽、盐、鸡粉，拌匀。

❻ 加盖，用大火煮开后转小火煮30分钟。

❼ 至汤水香浓，揭盖。

❽ 倒入猪尾。

❾ 加盖，大火煮开后转小火煮40分钟。

❿ 揭盖，将煮好的猪尾用筷子夹入盘中，浇上卤水，
撒上香菜即可。

 **美味
秘笈** 猪尾一定要清洗干净再烹饪，否则会有异味。卤制猪
尾前，可先把猪尾汆熟，这样可以缩短时间，也更易入味。

豆瓣鲫鱼

🍲 烹饪时间：4分钟 ｜ 功效：增强抵抗力 ｜ 口味：辣

 原料

鲫鱼300克，姜丝、蒜末、干辣椒段、葱段各少许

 调料

豆瓣酱100克，盐、味精各2克，料酒、胡椒粉、生粉、芝麻油、食用油各适量

 做法

❶ 在处理干净的鲫鱼两侧切上一字花刀，放入盘中，撒上味精，淋入少许料酒，涂抹均匀。再撒上生粉，抹匀，腌渍入味。

❷ 锅中倒入食用油，烧至五六成热，放入鲫鱼，炸至皮酥，捞出沥油备用。

❸ 油锅烧热，倒入姜丝、蒜末、干辣椒炒香。

❹ 倒入豆瓣酱和适量清水，再放入炸好的鲫鱼，拌匀。

❺ 用小火煮至入味。

❻ 将鲫鱼盛入盘中，留汤汁备用。

❼ 待汤汁烧热，撒上胡椒粉，淋入芝麻油，放入葱段，拌炒均匀。

❽ 将汤汁浇在鱼身上即成。

Part 5

经典也有新吃法

想法有多奇怪，菜式就有多可爱。

对味道的喜爱，绝不止限于川菜，但要我尝试新菜，还是只限于川菜。

不是我不懂得拒绝，只是，我敢紧闭双眼以抵拒美色的诱惑，却不能屏住呼吸拒绝美味的引诱：新式川菜，这个挑逗舌尖的小妖精。

小炒猪皮

烹饪时间：5分钟｜功效：美容养颜｜口味：辣

原料

熟猪皮200克，青彩椒、红彩椒各30克，小米泡椒50克，葱段、姜丝各少许

调料

盐、鸡粉各1克，白糖3克，老抽2毫升，生抽、料酒各5毫升，食用油、辣椒油各适量

做法

① 猪皮切粗丝；洗净的青、红彩椒去柄，去籽，切粗条，改切小段；泡椒对半切开。

② 热锅注油，倒入姜丝，放入切好的泡椒，爆香。

③ 倒入切好的猪皮，加入白糖。

④ 翻炒约2分钟至猪皮微黄，加入生抽、料酒，翻炒均匀。

⑤ 放入切好的青红彩椒，注入少许清水。

⑥ 加入盐、鸡粉、老抽，将食材炒匀。

⑦ 倒入葱段，淋入辣椒油。

⑧ 翻炒均匀至入味，关火后盛出菜肴，装盘即可。

美味秘笈 可依个人喜好，适当增减泡椒及辣椒油的用量。

麻酱冬瓜

烹饪时间：6分钟 | 功效：利尿消肿 | 口味：辣

原料

冬瓜300克，红椒、葱条、姜片各少许

调料

盐2克，鸡粉、料酒、芝麻酱、食用油各适量

做法

1. 将去皮洗净的冬瓜切块，再把部分姜片切成末；洗净的红椒切成粒；取部分葱条切成葱花。
2. 热锅注油烧热，倒入冬瓜，滑油片刻后捞出。
3. 锅留底油，倒入葱条、姜片，加入适量料酒、清水、鸡粉、盐。
4. 再倒入冬瓜煮沸，捞出煮好的冬瓜备用。
5. 将冬瓜放入蒸锅，大火蒸2～3分钟至熟软，取出蒸软的冬瓜。
6. 热锅注油，倒入红椒粒、姜末、葱花煸香，再倒入冬瓜炒匀。
7. 倒入少许芝麻酱拌炒均匀。
8. 盛入盘中，撒上葱花即可。

板栗辣子鸡

烹饪时间：6分钟 │ 功效：补肾强腰 │ 口味：辣

 原料

鸡肉300克，蒜苗20克，青椒、红椒各20克，板栗100克，姜片、蒜末、葱白各少许

 调料

盐5克，味精、鸡粉各2克，辣椒油10毫升，生粉、生抽、料酒、辣椒酱、食用油各适量

 做法

❶ 将洗净的青椒切开，去籽，切成片；洗好的蒜苗切成段；洗净的鸡肉斩成块。

❷ 鸡块装入碗中，加入少许盐、生抽、鸡粉、料酒拌匀，再加生粉拌匀，腌渍10分钟入味。

❸ 锅中倒入约800毫升清水，大火烧开，放入洗净的板栗，加少许盐，加盖，煮约10分钟至熟，捞出备用。

❹ 用油起锅，倒入姜片、蒜末、葱白、蒜苗梗爆香。

❺ 倒入鸡块，拌炒匀；加入少许料酒炒香，倒入约300毫升的清水；放入板栗拌炒匀，煮沸。

❻ 加辣椒酱炒匀。加入辣椒油、盐、味精，炒匀调味。

❼ 小火焖煮3分钟，使鸡肉入味。

❽ 揭盖，倒入青椒、红椒、蒜叶拌炒至熟。

❾ 加入水淀粉勾芡。

❿ 大火收干汁；起锅，盛入盘中即可。

 美味秘笈 ｜ 板栗不可煮得太烂，以免影响其外观和口感。

尖椒烧猪尾

烹饪时间：18分钟｜功效：促进骨骼发育｜口味：咸

 原料

猪尾300克，青、红尖椒各60克，姜片、蒜末、葱白各少许

 调料

蚝油、老抽、味精、盐、白糖、料酒、辣椒酱各适量

做法

❶ 将洗净的猪尾斩块。

❷ 洗净的青椒切成片。

❸ 洗净的红椒切成片。

❹ 锅中倒入适量清水，加入料酒烧开，再倒入猪尾，余至断生后捞出。

❺ 起油锅，放入姜片、蒜末、葱白煸香，再放入猪尾，加料酒炒匀，再倒入蚝油、老抽拌炒匀。

❻ 加入少许清水，用小火焖煮15分钟。

❼ 加入辣椒酱拌匀，焖煮片刻。加入味精、盐、白糖炒匀调味。

❽ 倒入青、红椒片拌炒匀。

❾ 用水淀粉勾芡。

❿ 淋入熟油拌炒均匀，出锅盛入盘中即成。

 美味秘笈

猪尾有些腥味，可以多放点料酒和辣椒去腥。猪尾的胶质较重，所以在焖猪尾时要一次性加足水，这样焖出来的猪尾味道就很浓、很正。

豆香肉皮

🍲 烹饪时间：3分钟 | 功效：补益精血 | 口味：咸

🏷 原料

猪皮150克，熟黄豆150克，青椒丝、红椒丝、葱白各少许

🏷 调料

盐、白糖、味精、料酒、蚝油、水淀粉、糖色各适量

做法

① 锅中倒入适量清水，放入猪皮汆熟。

② 捞出猪皮，装入盘中，用糖色抹匀。

③ 热锅注油，烧至四五成热，放猪皮炸至金黄色捞出。

④ 将炸好的猪皮切丝。

⑤ 热锅注油，倒入黄豆、葱白翻炒。

⑥ 再倒入猪皮、青椒、红椒拌炒熟。

⑦ 加盐、白糖、味精、料酒、蚝油拌匀调味，加少许水淀粉勾芡。

⑧ 淋入少许熟油拌炒匀。继续在锅中翻炒片刻至入味，出锅盛盘即可。

豆豉小米椒蒸鳕鱼

烹饪时间：12分钟 | 功效：补血止血 | 口味：鲜

1

2

3

4

原料

鳕鱼肉300克，豆豉15克，小米椒5克，姜末3克，蒜末5克，葱花3克

调料

盐5克，料酒5毫升，蒸鱼豉油10毫升，食用油适量

做法

❶ 将洗净的鳕鱼肉装蒸盘中，用盐和料酒抹匀两面，撒上姜末，放入洗净的豆豉，倒入蒜末、小米椒，待用。

❷ 备好电蒸锅，烧开水后放入蒸盘。

❸ 盖上盖，蒸约8分钟，至食材熟透。

❹ 断电后揭盖，取出蒸盘。撒上葱花，浇上热油，淋入蒸鱼豉油即可。

美味秘笈 | 鳕鱼肉上要切上几处花刀，这样蒸的时候更易入味。

南乳炒春笋

烹饪时间：2分钟 | 功效：降脂降糖 | 口味：辣

 原料 ....

竹笋200克，青椒、红椒各20克，蒜末、葱白各少许

 调料 ....

南乳20克，鸡粉2克，白糖3克，水淀粉10毫升，食用油30毫升

 做法 ....

❶ 把洗净的竹笋对半切开，再切成薄片，备用。

❷ 洗净的青、红椒切开，去籽，切成小块，备用。

❸ 锅中注入适量清水，大火烧开，放入竹笋，搅拌匀，煮约2分钟，捞出竹笋，沥干水分，备用。

❹ 炒锅注油烧热，倒入蒜末、葱白，用大火爆香。

❺ 放入南乳，翻炒香。

❻ 倒入焯好的竹笋，翻炒匀。

❼ 注入少许清水，拌匀，煮沸。

❽ 加入鸡粉，再放入白糖，炒匀调味。

❾ 放入青椒、红椒，翻炒至断生。

❿ 倒入少许水淀粉，用锅铲翻炒均匀，出锅盛入盘中。

 美味秘笈

质感较嫩的竹笋味道偏涩，质感较老的竹笋味道则偏苦。可根据个人口味来选择此菜要用的竹笋。

茶树菇腐竹炖鸡肉

烹饪时间：12分钟 | 功效：降低血糖 | 口味：鲜

 原料

光鸡400克，茶树菇100克，腐竹60克，姜片、蒜末、葱段各少许

 调料

豆瓣酱6克，盐3克，鸡粉2克，料酒、生抽各5毫升，水淀粉、食用油各适量

做法

❶ 将光鸡斩成小块；洗净的茶树菇切成段。

❷ 锅中注入适量清水烧热，倒入鸡块，搅匀，用大火焯一会儿，撇去浮沫，捞出沥干水分。

❸ 热锅注油，烧至四成热，倒入腐竹，炸约半分钟，至其呈虎皮状，捞出沥油，再浸在清水中，泡软后待用。

❹ 用油起锅，放入姜片、蒜末、葱段，用大火爆香，倒入余过水的鸡块，翻炒至断生。

❺ 淋入少许料酒，炒香，放入生抽、豆瓣酱，翻炒。

❻ 加入盐、鸡粉，炒匀调味，注入适量清水，倒入泡软的腐竹，翻炒匀。

❼ 煮沸后用小火煮约8分钟，至全部食材熟透，取下盖子，倒入茶树菇，翻炒匀，续煮约1分钟，至其熟软。

❽ 转大火收汁，倒入适量水淀粉勾芡，盛出煮好的菜肴，放在盘中即成。

干妈酱爆鸡软骨

烹饪时间：2分钟 | 功效：开胃消食 | 口味：辣

原料

鸡软骨200克，四季豆150克，老干妈辣酱30克，姜片、蒜头、葱段各少许

调料

盐、鸡粉各2克，生抽8毫升，生粉10克，料酒、水淀粉、食用油各适量

做法

① 洗净的四季豆切成小丁；锅中注入适量清水烧开，倒入洗好的鸡软骨，拌煮约1分钟，余去血水，淋入少许料酒去味；捞出余煮好的鸡软骨，装入碗中，加入少许生抽、生粉、拌匀上浆，腌渍约10分钟。

② 热锅注油，烧至四成热，倒入鸡软骨，炸约半分钟。

③ 倒入四季豆、蒜头，拌匀，炸至七成熟，捞出炸好的材料，沥干油待用。

④ 锅底留油，爆香姜片、葱段，倒入炸好的材料。

⑤ 淋入少许料酒、生抽，加入适量盐、鸡粉，炒匀。

⑥ 倒入适量水淀粉勾芡。

⑦ 放入老干妈辣酱。

⑧ 快速炒匀至食材入味，关火后盛出炒好的菜肴即可。

萝卜芋头蒸鲫鱼

烹饪时间：13分钟 | 功效：和中补虚 | 口味：鲜

 原料 ....

净鲫鱼350克，白萝卜200克，芋头150克，豆豉35克，姜末、蒜末各少许，姜片、葱段、干辣椒各适量，葱丝、红椒丝、姜丝、花椒各少许

 调料 ....

盐4克，白糖少许，生抽3毫升，料酒6毫升，食用油适量

 做法 ....

❶ 将去皮洗净的白萝卜切薄片，再切细丝；去皮洗净的芋头切片。

❷ 处理干净的鲫鱼切上刀花。

❸ 把切好的鲫鱼放盘中，撒上少许盐，淋上适量料酒，再在刀口处塞入姜片，腌渍约15分钟，待用；洗好的豆豉切碎。

❹ 用油起锅，倒入切碎的豆豉，炒出香味，放入洗净的干辣椒，撒上备好的姜丝、蒜末。

❺ 倒入葱段，炒匀，加入适量生抽、盐、白糖，炒匀；关火后盛出材料，装在味碟中，制成酱菜，待用。

❻ 取一蒸盘，放入萝卜丝，铺上芋头片，摆好造型。

❼ 再放上腌渍好的鲫鱼，盛入炒好的酱菜。

❽ 炒锅注水烧热，放上蒸笼，放入蒸盘，用大火蒸约10分钟，至食材熟透。

❾ 关火后取出蒸盘，趁热撒上葱丝、红椒丝和姜丝。

❿ 用油起锅，放入备好的花椒，炸出香味，关火后盛出，浇在菜肴上即可。

 美味秘笈　鲫鱼的刀花可切得深一些，这样更易蒸入味。

荷包豆腐

烹饪时间：8分钟｜功效：降脂降压｜口味：辣

豆腐400克，肉末200克，香肠25克，葱花少许

调料

盐3克，鸡粉2克，花椒粉、胡椒粉各少许，豆瓣酱6克，辣椒酱10克，料酒4毫升，生抽6毫升，水淀粉、花椒油、食用油各适量

做法

❶ 将洗净的香肠切粒；豆腐切成长方块。

❷ 把肉末装入碗中，倒入香肠粒，撒上花椒粉、胡椒粉；再加入少许盐、鸡粉、生抽，淋入花椒油，拌匀。

❸ 至肉末起劲，再腌渍约10分钟，即成馅料，待用。

❹ 热锅注油，烧至六七成热，放入豆腐块，搅拌匀，用小火炸约3分钟，至其呈金黄色，捞出沥干油，待用。

❺ 取一个干净的盘子，放入豆腐块，再用小刀掏出豆腐块的中间部分，放入馅料，酿好、压实，制成豆腐坯。

❻ 用油起锅，放入豆腐坯，用中小火煎断生，淋上少许料酒调味，注入适量清水，再加入少许生抽、豆瓣酱、辣椒酱、盐、鸡粉，用小火焖煮约5分钟，至入味。

❼ 盛出豆腐块，装入盘中，摆放整齐，将锅中的汤汁烧热，用水淀粉勾芡，制成味汁。

❽ 关火后盛出味汁，浇在豆腐块上，撒上葱花即成。

豆瓣排骨蒸南瓜

烹饪时间：32分钟 | 功效：健脾益胃 | 口味：咸

 1

 2

3

4

原料

排骨段300克，南瓜肉150克，姜片、葱段各5克，葱花3克

调料

豆瓣酱15克，鸡粉3克，蚝油8克，生粉5克，料酒8毫升，生抽10毫升

做法

1. 将洗净的南瓜切片。
2. 把洗好的排骨段放碗中，撒上葱段、姜片，放入料酒、生抽，加入鸡粉、蚝油、豆瓣酱，拌匀，再倒入生粉，拌匀，腌渍一会儿，待用。
3. 取一蒸盘，放入南瓜片，摆好造型，再放入腌渍好的排骨段，码好；备好电蒸锅，烧开水后放入蒸盘，盖上盖，蒸约30分钟，至食材熟透。
4. 断电后揭盖，取出蒸盘，趁热撒上葱花即可。

 美味秘笈

南瓜切的时候厚度最好均匀一些，这样摆盘时更整齐美观。

肉酱焖土豆

烹饪时间：7分钟 ｜ 功效：健脾和胃 ｜ 口味：辣

原料

小土豆300克，五花肉100克，姜末、蒜末、葱花各少许

调料

豆瓣酱15克，盐、鸡粉各2克，料酒5毫升，老抽、水淀粉、食用油各适量

做法

① 洗净的五花肉切成片，剁成肉末，备用。

② 用油起锅，倒入姜末、蒜末，大火爆香；放入肉末，快速翻炒至转色。

③ 淋入少许老抽，炒匀上色。

④ 倒入少许料酒，炒匀。

⑤ 放入豆瓣酱，翻炒匀。

⑥ 倒入处理好的小土豆，翻炒匀，注入适量清水，加入盐、鸡粉，拌匀至入味。

⑦ 盖上盖，用小火焖煮约5分钟至食材熟透。

⑧ 取下锅盖，用大火快速翻炒至汤汁收浓，倒入少许水淀粉勾芡。

⑨ 撒上葱花。

⑩ 将土豆盛出，装在盘中即成。

美味秘笈

小土豆的表皮不容易去除，可以先将小土豆放入沸水锅中煮至三成熟，捞出后用冷水浸泡片刻，去皮时就比较容易了。

川味酱牛肉

🍲 烹饪时间：65分钟 | 功效：强筋健骨 | 口味：鲜

 原料

牛肉300克，香菜1把，朝天椒2个，花椒10克，丁香10克，冰糖30克，白蔻4枚，草果1颗，八角1个，姜片、香葱各少许

 调料

盐2克，生抽、料酒各6毫升

 做法

① 热水锅中倒入洗净的牛肉。

② 汆煮一会儿至去除血水，捞出汆好的牛肉，待用。

③ 另起锅注水，加入料酒、盐、生抽，放入汆好的牛肉，倒入香葱、姜片、朝天椒。

④ 放入白蔻、草果、八角。

⑤ 加入冰糖，倒入花椒、丁香。

⑥ 将食材拌匀，加盖，用大火煮开后转小火卤1小时至熟软入味。

⑦ 揭盖，夹出卤好的牛肉，放置一旁凉凉待用。

⑧ 将放凉的酱牛肉放在砧板上，切成片，并整齐地摆放在盘中，浇上锅中剩余酱汁，放上香菜叶点缀即可。

风味柴火豆腐

🍲 烹饪时间：8分钟 | 功效：清热散血 | 口味：辣

1   2   3   4

 原料

豆腐250克，五花肉150克，香辣豆豉酱30克，朝天椒15克，蒜末、葱段各少许

 调料

盐2克，鸡粉少许，生抽4毫升，食用油适量

 做法

❶ 朝天椒切圈；五花肉切薄片；豆腐切长方块。

❷ 用油起锅，放入豆腐块，煎出香味，翻转豆腐块，撒上少许盐，煎至两面焦黄，关火后盛出，待用。

❸ 另起锅，注入食用油，大火烧热，放入肉片，炒至转色，撒上蒜末，炒香，放入朝天椒圈，炒匀，放入香辣豆豉酱，炒出辣味。

❹ 淋上生抽，注入少许清水，放入煎过的豆腐块，拌匀，大火煮沸，加入少许盐，放入鸡粉，拌匀调味，盖上盖，转中小火煮约3分钟，至食材熟透揭盖，倒入葱段，大火炒出葱香味，关火后盛出菜肴，装在盘中即成。

 美味秘笈   煎豆腐块时，宜用中火，以免煎煳。

杏仁豆腐

 烹饪时间：187分钟 | 功效：美容养颜 | 口味：甜

原料

甜杏仁50克，牛奶200毫升，明胶10克，冰糖20克，蜂蜜10毫升

做法

❶ 将泡好的杏仁放入搅拌机中，注入适量水，打成杏仁糊；运转2分钟，即成杏仁汁，取下机身，把杏仁汁倒入滤网，滤取杏仁汁，备用；取一碗，倒入清水，放入明胶，搅拌均匀，至明胶溶解。

❷ 砂锅置于火上，倒入杏仁汁、牛奶，拌匀，转中火，加热片刻，放入冰糖，搅拌约3分钟至冰糖融化，倒入明胶溶液，不停搅拌约2分钟至明胶完全融化。

❸ 关火后盛出杏仁牛奶，装碗，放入冰箱冷藏3个小时。

❹ 取出冷藏好的杏仁牛奶，倒置在案板上，切成小块，装入盘中，淋上蜂蜜即可。

 美味秘笈

杏仁要提前在温水中浸泡半天，这样榨出来的杏仁汁口感才好。

椒香油栗

🍲 烹饪时间：33分钟 | 功效：健脾益胃 | 口味：鲜

 原料

板栗肉200克，肉末25克，花椒8克，姜末、蒜末、葱花各适量

调料

豆瓣酱12克，白糖、鸡粉各2克，料酒3毫升，生抽5毫升，食用油适量

做法

❶ 用油起锅，倒入备好的肉末，炒至变色。
❷ 放入备好的花椒，撒上蒜末、姜末，炒出香味。
❸ 加入适量豆瓣酱，炒出香辣味，倒入洗净的板栗肉。
❹ 翻炒匀，加入少许白糖、生抽、鸡粉、料酒，炒匀。
❺ 关火后盛出炒好的材料，装入蒸碗中，待用。
❻ 蒸锅烧开，放入蒸碗，中火蒸约30分钟，至熟；火后揭盖，取出蒸碗，趁热撒上葱花即可。

 美味秘笈　蒸碗中最好注入少许温开水，这样可以缩短蒸煮的时间。

173

红烧草鱼段

烹饪时间：4分钟 | 功效：暖胃和中 | 口味：香

 原料

草鱼350克，红椒15克，姜片、蒜末、葱白各少许

 调料

盐、白糖各3克，豆瓣酱10克，料酒、生抽各4毫升，鸡粉、老抽、味精、生粉、水淀粉、食用油各适量

 做法

❶ 将洗净的红椒对半切开，去籽，切成小块。

❷ 处理干净的草鱼切下鱼头，将鱼身切成块。

❸ 将切好的鱼块装入盘中，加入适量盐、鸡粉，再加入少许生抽、生粉，拌匀，腌渍10分钟。

❹ 热锅注油，烧至五成热，放入鱼块，搅匀，炸约2分钟至熟，将炸好的鱼块捞出沥油。

❺ 锅底留油，倒入姜片、蒜末、葱白、红椒爆香。

❻ 淋入料酒，倒入适量清水，加入生抽、老抽、盐、味精，再加入适量白糖、豆瓣酱，拌炒匀。

❼ 倒入炸好的鱼块，煮约2分钟，加入少许水淀粉。

❽ 把锅中食材翻炒至入味，盛出装盘即可。

麻辣水煮玉米

烹饪时间：7分钟 | 功效：健脾止泻 | 口味：麻辣

1　2　3　4

原料

玉米300克，香菜15克，干辣椒5克，花椒粒10克，蒜瓣1个，姜块10克

调料

豆瓣酱15克，盐2克，食用油适量

做法

❶ 洗净的玉米切小段；洗好的香菜切小段；洗净的蒜瓣切碎；洗好的姜块切碎。

❷ 用油起锅，倒入花椒粒、干辣椒，炒香；放入姜末、蒜末，炒匀，倒入豆瓣酱，炒匀。

❸ 注入适量清水，放入玉米，加入盐，拌匀，大火煮5分钟至入味。

❹ 放入香菜，关火后将烹煮好的玉米盛出装入盘中即可。

美味秘笈 ｜ 豆瓣酱本身有咸味，所以不需要加太多盐。

蒜香椒盐排骨

🍲 烹饪时间：3分钟 ┃ 功效：强健骨骼 ┃ 口味：咸

 原料

排骨段500克，鸡蛋1个，蒜末少许，面包糠150克，葱花少许

 调料

食用油适量，盐、鸡粉各2克，料酒3毫升，味椒盐2克，水淀粉7毫升，胡椒粉少许

 做法

❶ 把排骨装入碗中，放盐、料酒、鸡粉、胡椒粉，拌匀，再加水淀粉，拌匀，腌渍15分钟。
❷ 将鸡蛋打入碗中，搅散成蛋液。
❸ 排骨蘸上蛋液，再裹上面包糠。
❹ 锅置火上，倒入适量大豆油，烧至五成热，放入排骨，炸约2分钟至金黄色。
❺ 把炸好的排骨捞出，沥干油分。
❻ 锅中倒入少许大豆油，烧热后放入蒜末，爆香。
❼ 放入味椒盐，倒入排骨，翻炒匀。
❽ 加入葱花，炒匀。将排骨盛出装盘即可。

香辣鸡翅

🍲 烹饪时间：3分钟 | 功效：增强免疫力 | 口味：辣

原料

鸡翅270克，干辣椒15克，蒜末、葱花各少许

调料

盐3克，生抽3毫升，白糖、料酒、辣椒油、辣椒面、食用油各适量

做法

1 洗净的鸡翅装入碗中，加少许盐、生抽、白糖、料酒，拌匀，腌渍15分钟。

2 热锅注油，烧至四五成热，放入鸡翅，拌匀，用小火炸约3分钟至其呈金黄色，把炸好的鸡翅捞出，沥干油，待用。

3 锅底留油烧热，倒入蒜末、干辣椒，爆香。

4 放入炸好的鸡翅，炒匀。

5 淋入料酒、生抽，炒匀。

6 倒入辣椒面，炒香。

7 淋入少许辣椒油，炒匀。

8 加入少许盐，炒匀调味，撒上葱花，炒出葱香味，关火后盛出炒好的鸡翅，装入盘中即可。

双椒蒸豆腐

烹饪时间：13分钟 | 功效：清热解毒 | 口味：辣

原料

豆腐300克，剁椒15克，小米椒15克，葱花3克

调料

蒸鱼豉油10毫升

做法

❶ 将洗净的豆腐切片。
❷ 取一蒸盘，放入豆腐片，摆好。
❸ 撒上剁椒和小米椒，封上保鲜膜，待用。
❹ 备好电蒸锅，烧开水后放入蒸盘。
❺ 盖上盖，蒸约10分钟，至食材熟透。
❻ 断电后揭盖，取出蒸盘，去除保鲜膜；趁热淋上蒸鱼豉油，撒上葱花即可。

美味秘笈 | 豆腐最好切得薄一些，更易蒸入味。

Part 6

一面一饭皆有味

都是寻常主食，都是寻常厨艺，染上了巴蜀的习性，便成就了一段历久弥新的传奇。

印象中的主食一向单调，不用想怎么吃，一只手就能数过来。要不要来点新花样？川味主食，来自味都的美味，吃上一口，让你想念几天。

担担面

烹饪时间：2分钟 ｜ 功效：滋阴润燥 ｜ 口味：辣

 原料

碱水面150克，瘦肉70克，生菜50克，生姜20克，葱花少许，上汤300毫升

 调料

盐2克，鸡粉少许，生抽、老抽各2毫升，辣椒油4毫升，甜面酱7克，料酒、食用油各适量

做法

❶ 去皮洗净的生姜拍碎，剁成末；将洗净的瘦肉切碎，再剁成末。

❷ 锅中倒入适量清水，用大火烧开。

❸ 倒入食用油。

❹ 放入生菜，煮片刻，把煮好的生菜捞出，备用。

❺ 把碱水面放入沸水锅中，搅散，煮约2分钟至熟，把煮好的面条捞出，盛入碗中，凉凉，再放入生菜。

❻ 用油起锅，放入姜末，爆香。

❼ 倒入肉末，炒匀；淋入料酒，翻炒匀；倒入老抽，炒匀调色。

❽ 加入上汤、盐、鸡粉。

❾ 淋入生抽、辣椒油，拌匀。

❿ 加入甜面酱，拌匀，煮沸，将味汁盛入面条中。最后撒上葱花即可。

 美味秘笈　　生菜不宜放在沸水锅中焯烫太久，以免营养流失过多，并且菜色变黄。

川香凉面

🍲 烹饪时间：6分钟 ｜ 功效：滋阴壮阳 ｜ 口味：辣

原料

熟面条300克，香菜、葱段、蒜末各少许，花椒粒3克，绿豆芽35克

调料

老干妈豆豉酱20克，辣椒粉30克，生抽、芝麻油各5毫升，鸡粉、白糖各3克，陈醋3毫升，食用油适量

做法

❶ 热锅注油烧热，倒入花椒粒、蒜末、葱段、辣椒粉，爆香。

❷ 倒入洗净的绿豆芽，炒拌均匀，将绿豆芽盛入碗中，待用。

❸ 取一个碗，倒入备好的面条、炒好的绿豆芽，放入老干妈豆豉酱，划散，再加入生抽、鸡粉、白糖、陈醋、芝麻油。

❹ 充分拌匀入味，将拌好的凉面盛入盘中，撒上香菜。

美味秘笈 ｜ 可以用花椒油代替花椒粒，味道浓郁且食用起来更方便。

腊肠饭

烹饪时间：42分钟｜功效：开胃助食｜口味：鲜

原料

水发大米270克，腊肠85克，
葱花少许

做法

❶ 将洗净的腊肠用斜刀切片，备用。
❷ 取一个蒸碗，倒入洗净的大米，注入适量清水，把米
粒摊开。
❸ 蒸锅上火烧开，放入蒸碗，盖上盖，用大火蒸约25分
钟，至米粒变软。
❹ 揭盖，取出蒸碗，摆上切好的腊肠。
❺ 再把蒸碗放入蒸锅中。
❻ 盖上锅盖，用中火蒸约15分钟，至食材熟透。
❼ 关火后揭盖，取出蒸碗。
❽ 趁热撒上葱花即成。

 美味
秘笈

碗中的清水不宜太多，以免将米饭蒸得过于软烂，影响口感。

燃面

烹饪时间：2分钟 | 功效：改善血液循环 | 口味：鲜

原料

碱水面130克，花生米80克，芽菜50克，肉末30克，葱花少许

调料

盐3克，鸡粉2克，生抽5毫升，料酒4毫升，水淀粉、芝麻油、辣椒油、食用油各适量

做法

① 热锅注油，烧至四成热，倒入花生米，炸约1分30秒至其熟透，捞出花生米，沥干油，放凉待用。
② 把放凉的花生去除外衣，制成花生仁，待用。
③ 取杵臼，倒入花生仁，捣成末，装入小碟，待用。
④ 锅中注入适量清水烧开，放入面条，加入盐，拌匀，煮至面条熟软。捞出面条，沥干，装入碗中，待用。
⑤ 用油起锅，倒入肉末，炒至变色；加入生抽，炒匀，放入芽菜，炒香。
⑥ 淋入料酒，注入少许清水，拌匀。
⑦ 加入盐、鸡粉，炒匀调味。
⑧ 用水淀粉勾芡。
⑨ 关火后盛入装有面条的碗中，撒上葱花、花生末。
⑩ 加入生抽、芝麻油、辣椒油，拌匀调味，另取一个碗，盛入拌好的面条即可。

美味秘笈 花生米入锅后要不断翻动，以免炸糊。

185

辣白菜炒饭

烹饪时间：4分钟 | 功效：润肠排毒 | 口味：辣

米饭500克，大白菜150克，鸡蛋1个，猪肉100克，葱花少许

盐3克，辣椒酱20克，料酒、老抽、鸡粉、食用油各适量

做法

① 大白菜切丝，再切成粒。洗好的猪肉切碎，剁成末。

② 鸡蛋打入碗中，用筷子搅散。

③ 锅中加适量清水烧开，加盐、食用油，倒入大白菜，煮软后捞出，装入盘中备用。

④ 用油起锅，倒入蛋液，翻炒至熟，盛入碗中备用。

⑤ 锅底留油，倒入肉末，翻炒片刻，淋入料酒，加少许老抽，炒香。

⑥ 倒入米饭，用锅铲翻炒1分钟至米粒松散，放入大白菜。

⑦ 再倒入炒好的鸡蛋，加辣椒酱、盐、鸡粉，炒1分钟至入味。

⑧ 盛出装盘时撒上葱花即可。

腊鸭蒸饭

烹饪时间：42分钟 | 功效：养胃生津 | 口味：淡

原料

腊鸭肉200克，水发大米300克，姜丝、葱花各少许

做法

1. 取一碗，倒入大米，注入适量清水，拌匀。
2. 摆放上切好的腊鸭肉。
3. 放上姜丝，待用。
4. 蒸锅中注入适量清水烧开，放上腊鸭饭。
5. 加盖，中火蒸40分钟至食材熟软。
6. 揭盖，关火后取出蒸好的腊鸭饭，撒上葱花即可。

1
2
3
4
5
6

美味秘笈 | 大米需要提前浸泡1小时以上，这样蒸出来的米口感更好。

南瓜拌饭

🍲 烹饪时间：22分钟 ｜ 功效：健胃消食 ｜ 口味：淡

南瓜90克，芥菜叶60克，水发大米150克

盐少许

做法

❶ 把去皮洗净的南瓜切片，再切成条，改切成粒。

❷ 洗好的芥菜切丝，切成粒，将大米倒入碗中，加入适量清水，把切好的南瓜放入碗中，备用。

❸ 分别将装有大米、南瓜的碗放入烧开的蒸锅中。

❹ 盖上盖，用中火蒸20分钟至食材熟透。

❺ 揭盖，把蒸好的大米和南瓜取出待用。

❻ 汤锅中注入适量清水烧开，放入芥菜，煮沸。

❼ 放入蒸好的南瓜，搅拌均匀。

❽ 在锅中加入适量盐，用锅勺拌匀调味。将煮好的食材盛出，装入碗中即成。

肉羹饭

 烹饪时间：3分钟 | 功效：提高记忆力 | 口味：鲜

 原料

鸡蛋1个，黄瓜40克，胡萝卜25克，瘦肉30克，米饭130克，葱花少许

 调料

鸡粉2克，盐少许，水淀粉5克，料酒2毫升，芝麻油2毫升，食用油适量

 做法

❶ 取一干净碗，装入适量米饭，将洗净的黄瓜、胡萝卜切片，改切成丝，洗净的瘦肉切碎，剁成肉末，鸡蛋打入碗中，用筷子打散调匀。

❷ 用油起锅，倒入肉末，加料酒，炒香，倒入适量清水，烧开，放入胡萝卜、黄瓜，再加入鸡粉、盐，煮沸；倒入适量水淀粉勾芡，再放入少许芝麻油，拌匀。

❸ 倒入蛋液，搅匀。

❹ 煮沸，放入少许葱花，搅拌匀，将煮好的材料盛入热米饭上即可。

 美味秘笈 | 勾芡时，水淀粉不要倒入太多，以免汤汁过于浓稠，影响成品口感和外观。

清蒸排骨饭

烹饪时间：15分钟 ｜ 功效：强化骨骼 ｜ 口味：鲜

 原料

米饭170克，排骨段150克，上海青70克，蒜末、葱花各少许

 调料

盐、鸡粉各3克，生抽、料酒、生粉、芝麻油、食用油各适量

做法

① 洗净的上海青对半切开。

② 把洗好的排骨段放入碗中，加少许盐、鸡粉、生抽。

③ 撒上蒜末，淋入少许料酒，拌匀。

④ 放入适量生粉，拌匀，淋入少许芝麻油，拌匀，装入蒸盘，腌渍约15分钟，待用。

⑤ 锅中注水烧开，加少许盐、食用油，略煮一会儿。

⑥ 放入上海青，拌匀，煮约半分钟。

⑦ 捞出焯煮好的上海青，沥干水分，待用。

⑧ 蒸锅上火烧开，放入蒸盘。

⑨ 盖上盖，用中火蒸约15分钟。

⑩ 揭盖，取出蒸盘，放凉待用；再将米饭装入盘中，摆上焯熟的上海青，放入蒸好的排骨，把葱花点缀上即可。

 美味秘笈　焯煮上海青的时间不宜过长，以免上海青变黄。

荷叶芋头饭

🍲 烹饪时间：25分钟 │ 功效：防癌抗癌 │ 口味：鲜

原料

米饭500克，香芋100克，鲜香菇30克，水发荷叶3张，蒜末、葱白各少许

调料

盐3克，鸡粉2克，生抽4毫升，蚝油10毫升，料酒、水淀粉、食用油各适量

做法

❶ 将去皮洗净的香芋切1厘米厚的片，再切成小方块；洗净的香菇切丁；洗净的荷叶切取成半张，待用。

❷ 锅中注入适量清水，大火煮沸，放入荷叶，煮至成柔软状态，再洗去杂质，捞出沥干水分，待用。

❸ 用油起锅，倒入蒜末、葱白，大火爆香，倒入香菇、芋头，快速翻炒均匀；淋入少许料酒，炒匀。注入适量清水，大火煮沸，改用小火，加入盐、鸡粉。

❹ 放入少许生抽、蚝油，炒匀，煮约2分钟至食材断生。

❺ 取下锅盖，转用大火收干汁，倒入少许水淀粉，炒匀勾芡汁，关火后盛出食材，装在碗中，待用。

❻ 取来焯煮过的荷叶，摊开铺平，折好边角。

❼ 盛入适量的米饭，铺平、压实，放上炒制好的食材，把荷叶向上折起来，包裹严实，制成荷叶饭团，待用。

❽ 蒸锅中加水，大火煮沸，放入荷叶饭团。

❾ 改用小火蒸20分钟至食材熟软。

❿ 揭下锅盖，把蒸好的荷叶饭团取出，摆好盘，再从顶部划开，稍凉后即可食用。

 美味秘笈　芋头一定要蒸熟，否则其中的黏液会刺激咽喉。

木耳肉片饭

🍲 烹饪时间：65分钟 | 功效：健胃清肠 | 口味：淡

原料

水发大米80克，猪瘦肉150克，水发木耳30克，丝瓜30克，胡萝卜30克

调料

盐3克，料酒4毫升，食用油、水淀粉各适量

做法

❶ 洗净的丝瓜切片；洗好的胡萝卜切片，改切成丝。

❷ 木耳切条；洗净的猪瘦肉切粗条。

❸ 取一碗，放入切好的猪瘦肉，加入水淀粉、料酒。拌匀，腌渍15分钟。

❹ 取一大碗，放入胡萝卜丝、木耳，加入盐、食用油。拌匀，腌渍15分钟。

❺ 取电饭锅，倒入大米，注入适量清水，拌匀。

❻ 盖上盖，按"功能"键，选择"煲仔饭"功能，时间为45分钟，开始蒸煮。

❼ 按"取消"键，开盖，倒入丝瓜和腌好的菜，盖上盖，继续按"功能"键，选择"煲仔饭"功能，时间为20分钟，继续蒸煮。

❽ 按"取消"键断电，盛出蒸好的饭，装入盘中即可。

豆角焖饭

烹饪时间：50分钟 ｜ 功效：益肝补肾 ｜ 口味：淡

1　　2　　3　　4

 原料

大米100克，豆角100克，猪瘦肉60克，青椒30克

 调料

盐2克，食用油适量

 做法

❶ 豆角切小段；洗好的瘦肉切小块，洗净的青椒切圈。

❷ 锅中注入适量清水烧开，倒入豆角、辣椒，焯煮片刻，捞出沥干水分，装入盘中待用。

❸ 倒入瘦肉，氽煮片刻，关火后捞出氽煮好的瘦肉，沥干水分，装入盘中备用。

❹ 取电饭锅，倒入豆角、大米、青椒、瘦肉，加入盐、食用油，注入适量清水至水位线，拌匀，盖上盖，按"功能"键，选择"米饭"功能，时间为45分钟，开始蒸煮，按"取消"键断电，盛出蒸好的米饭，装入碗中。

 美味秘笈

不喜欢吃软绵的豆角的食客，可以缩短豆角焯煮的时间。

酸汤水饺

🍲 烹饪时间：3分钟 ┃ 功效：补肾养心 ┃ 口味：辣

原料

水饺150克，过水紫菜30克，虾皮30克，葱花10克，油泼辣子20克，香菜5克

调料

盐、鸡粉各2克，生抽4毫升，陈醋3毫升

做法

1. 锅中注入适量的清水大火烧开。
2. 放入备好的水饺。
3. 盖上锅盖，大火煮3分钟。
4. 取一个碗，放入盐、鸡粉。
5. 淋入生抽、陈醋，加入紫菜、虾皮、葱花、油泼辣子。
6. 揭开锅盖，将水饺盛出装入调好料的碗中，加入备好的香菜即可。

 美味秘笈 ┃ 煮饺子时中途可加点凉水，口感会更好。

八宝粥

🍲 烹饪时间：45分钟 | 功效：健脑补血 | 口味：淡

🏷 **原料**

简单爱八宝粥材料包1包（粳米、燕麦米、黑米、红豆、玉米片、花生、燕麦片、糙米），水500毫升

🏷 **调料**

糖适量

🏷 **做法**

❶ 将所有食材装入碗中，注入适量清水泡发20分钟。

❷ 待时间到，将水滤干净，装入碗中待用。

❸ 砂锅中注入适量清水。

❹ 倒入泡发好的食材，搅匀。

❺ 盖上锅盖，大火烧开转小火煮20分钟。

❻ 掀开锅盖，持续搅拌片刻。

❼ 盖上锅盖，再续煮20分钟至食材熟透。

❽ 掀开锅盖，加入糖搅拌均匀后将煮好的粥盛出装入碗中。

美味秘笈 | 要注意水和米的比例，不可煮的过熟。

醪糟汤圆

烹饪时间：30分钟 | 功效：保肝护肝 | 口味：甜

 原料 ....

汤圆150克，醪糟50克，干桂花5克，枸杞10克

 调料 ....

糖适量

做法 ....

❶ 备好电饭锅，倒入汤圆。

❷ 注入适量清水至没过食材，盖上锅盖，调至"蒸煮"状态。

❸ 定时为20分钟煮至汤圆熟软。

❹ 待20分钟后，按下"取消"键。

❺ 打开锅盖，加入醪糟、枸杞、干桂花，搅匀。

❻ 盖上盖，调至"蒸煮"状态。

❼ 定时为10分钟煮至食材入味。

❽ 待10分钟后，按下"取消"键，将煮好的汤圆盛出，加糖拌匀，装入碗中即可。

 美味秘笈

醪糟的主要原料是糯米，酿制工艺简单，口味香甜醇美，营养价值很高。

川味炒面

🍲 烹饪时间：8分钟 | 功效：增强免疫力 | 口味：咸

原料

熟宽面250克，胡萝卜90克，洋葱70克，土豆120克，芹菜80克，五花肉150克

调料

豆瓣酱40克，盐、鸡粉各2克，生抽5毫升，食用油适量

做法

❶ 芹菜切段；胡萝卜、土豆、洋葱切丁；五花肉切块。

❷ 热锅注油烧热，倒入五花肉，炒出油脂。

❸ 倒入备好的土豆、胡萝卜，翻炒匀。

❹ 倒入豆瓣酱，加入适量的生抽、清水，盖上盖，小火焖5分钟。

❺ 倒入备好的熟宽面，倒入洋葱、芹菜，翻炒。

❻ 加入盐、鸡粉，炒匀调味，将炒好的面盛出装入盘中即可。

 美味秘笈 | 胡萝卜跟土豆切的大小最好一致，这样能使受热更均匀。

水煎包子

🍲 烹饪时间：13分钟｜功效：增强食欲｜口味：鲜

1

2

3

4

5

6

7

8

9

10

原料

面粉300克，无糖椰粉60克，牛奶50毫升，白糖50克，酵母粉20克，肉末80克，白芝麻20克，姜末、葱花各少许

调料

盐3克，鸡粉、胡椒粉、五香粉各2克，生抽、料酒各5毫升，食用油适量

做法

❶ 取一个碗，倒入250克面粉，放入酵母粉、椰粉、白糖，缓缓倒入牛奶，边倒边搅拌。

❷ 倒入适量的温开水，再次搅拌匀。

❸ 揉成面团，用保鲜膜封住碗口，常温下发酵2个小时。

❹ 撕开面团上的保鲜膜，在案台上撒上适量面粉，放入面团，将面团揉匀，搓成长条。

❺ 揪成五个大小一致的剂子，撒上适量面粉，将剂子压扁成饼状。

❻ 取一个碗，放入肉末、葱花、姜末，加入盐、鸡粉，再放入胡椒粉、五香粉，淋入生抽、料酒、食用油，加入少许清水，搅拌匀，制成馅料。

❼ 用擀面杖将面饼擀制成厚度均匀的包子皮，在包子皮上放入适量馅，将边上的包子皮向中间聚拢。

❽ 将包子边捏成一个个褶子，制成包子生坯，其他包子皮一样。

❾ 热锅注油烧热，放入包子生坯，沿着锅边倒入适量清水，在包子生坯上撒上白芝麻。

❿ 盖上盖，大火煎10分钟至水分收干，将包子取出摆放在盘中即可。

美味秘笈

包子出锅前还可撒些葱花，味道会更香。

甜水面

烹饪时间：5分钟 | 功效：增强免疫力 | 口味：鲜

高筋面粉200克，黄豆粉15克，蒜末、葱花各少许

白糖2克，生抽、陈醋各5毫升，芝麻酱5克，辣椒油5毫升，花椒油4毫升，芝麻油2克，盐、鸡粉、菜籽油各少许

做法

① 取一个碗，倒入高筋面粉，加入少许盐，加入适量的清水，混匀。

② 用手和面，包上保鲜膜，饧30分钟。

③ 取一个小碗，倒入黄豆粉、蒜末。

④ 加入少许的盐、鸡粉、白糖、生抽、陈醋。

⑤ 再倒入芝麻酱、辣椒油、花椒油、芝麻油，制成酱料。

⑥ 取出饧好的面团，去除保鲜膜，擀成面皮。

⑦ 叠成几层，切成均匀的条，撒上少许面粉待用。

⑧ 锅中注入适量的清水大火烧开。

⑨ 倒入面条，搅拌片刻，大火煮至熟软，将面条捞出，沥干水分倒入碗中。

⑩ 淋入少许菜籽油，快速搅拌均匀，取一个碗，倒入面条，浇上调好的酱料，撒上备好的葱花即可。

美味秘笈 ｜ 切好的面条多撒点面粉，以免煮的时候粘到一块。

麻辣米线

 烹饪时间：5分钟｜功效：利尿除湿｜口味：麻辣

原料

水发米线240克，豌豆苗30克，绿豆芽40克，白芝麻10克，香菜25克，榨菜、花生米各适量，蒜末、葱花各少许

调料

盐3克，鸡粉2克，陈醋10毫升，豆豉酱20克，生抽、花椒粉、辣椒粉、花椒油、辣椒油、食用油各适量

做法

❶ 锅中注油，烧至三四成热，倒入花生米，炸1分钟捞出，沥干油，待用。

❷ 将洗净的香菜切成小段，洗好的豌豆苗切成段，把洗好的米粉切成长段。

❸ 取一杆白，倒入花生米，压碎，倒入碟中，待用。

❹ 锅底留油烧热，倒入蒜末、花椒粉、辣椒粉，炒香；加入豆豉酱，炒匀。

❺ 注入适量清水，拌匀。

❻ 放入生抽、花椒油、辣椒油，拌匀，制成麻辣汤汁，加入少许盐、鸡粉，再倒入榨菜，放入绿豆芽，拌匀，用中火煮沸。

❼ 倒入米线，撒上豌豆苗，淋入适量陈醋，拌匀。

❽ 倒入香菜、白芝麻、花生末，放入葱花，拌匀，关火后盛出锅中的菜肴即可。

麻酱凉面

烹饪时间：7分钟 | 功效：健胃整肠 | 口味：淡

原料

挂面60克，香菜10克，白芝麻10克

调料

盐3克，芝麻酱7克，生抽5毫升，鸡粉2克，食用油适量

做法

❶ 洗净的香菜切成末，备用。

❷ 烧热炒锅，倒入白芝麻，小火出炒香，把白芝麻盛入小碟子中，备用。

❸ 锅中加入适量清水烧开，加入食用油，放入挂面，搅散后加入少许盐，搅匀。

❹ 煮好后盛入装有白开水的碗中，加入生抽。再加入盐、鸡粉，放入芝麻酱、白芝麻。

❺ 倒入香菜末。

❻ 用筷子拌匀，将拌好的凉面盛入盘中即可。

香菜是重要的香辛菜，爽口开胃，烹饪时加入香菜，可增加特殊的清香。

酸辣粉

烹饪时间：4分钟 | 功效：降低胆固醇 | 口味：酸辣

 原料

生菜40克，水发红薯粉150克，榨菜15克，肉末30克，白芝麻5克，花生米30克，水发黄豆10克，香菜少许

 调料

盐、鸡粉各3克，胡椒粉2克，生抽8毫升，辣椒酱10克，水淀粉、食用油各适量

 做法

❶ 洗净的生菜去除老叶；洗好的香菜切碎。

❷ 锅中注入适量清水烧开，加入少许食用油。

❸ 放入生菜，拌匀，煮至其断生，捞出生菜，待用。

❹ 锅中倒入红薯粉，加盐、鸡粉，煮至其断生，装碗；锅中注水烧开，加入食用油、胡椒粉、生抽，拌匀，用大火煮至沸，调成味汁，盛入碗中，待用。

❺ 热锅注油，烧热，倒入花生米，用小火炸约1分钟至其香脆，捞出花生米，沥干油分，待用。

❻ 锅底留油烧热，倒入肉末，炒至变色，加入生抽，炒匀。

❼ 放入辣椒酱，炒匀，放入黄豆，注入清水，大火煮沸，加鸡粉、盐调味。

❽ 用水淀粉勾芡，关火待用，制成酱菜，取红薯粉，放上生菜，盛入味汁、酱菜，撒上花生米、白芝麻，点缀上香菜即可。

Part 7

街头巷尾觅小食

俗话说"食在中国，味在四川"，无论在中国任何一个地方，你都能找到几家川菜馆子。四川各地小吃通常也被看作是川菜的重要组成部分，主要有川北凉粉、麻辣小面、酸辣豆花以及闻名全国的赖汤圆、龙抄手、钟水饺、吴抄手等名吃。

红油猪口条

烹饪时间：18分钟 ｜ 功效：促进食欲 ｜ 口味：辣

 原料 ....

猪舌300克，蒜末、葱花各少许

 调料 ....

盐3克，辣椒油10毫升，生抽
10毫升，芝麻油、老抽、鸡
粉、料酒各适量

 做法 ....

❶ 锅中加入适量清水烧热，放入洗净的猪舌。

❷ 加入鸡粉、盐、料酒、老抽、生抽，拌匀。

❸ 盖上盖，用大火烧开，转小火煮15分钟，将煮熟的猪舌捞出。

❹ 用刀刮去猪舌上的外膜，并将猪舌切成片。

❺ 将切好的猪舌装入碗中，加入适量盐、鸡粉。

❻ 加入生抽，放入蒜末。

❼ 加入少许辣椒油、芝麻油，拌约1分钟至入味。

❽ 加入少许葱花，用筷子拌匀，将拌好的猪舌摆入盘中即可。

酸辣腰花

烹饪时间：3分钟 | 功效：强身抗衰 | 口味：酸辣

原料

猪腰200克，蒜末、青椒末、红椒末、葱花各少许

调料

盐5克，味精2克，料酒、辣椒油、陈醋、白醋、生粉各适量

做法

❶ 将洗净的猪腰对半切开，切去筋膜。

❷ 猪腰再切上麦穗花刀，然后改切成片。

❸ 切好的腰花装入碗中，加入料酒、味精、盐，再加入生粉，拌匀，腌渍10分钟。

❹ 锅中加清水烧开，倒入腰花拌匀，煮约1分钟至熟，将煮熟的腰花捞出，盛入碗中。

❺ 腰花中加入盐、味精。

❻ 再加辣椒油、陈醋。

❼ 最后加白糖、蒜末、葱花、青椒末、红椒末。

❽ 将腰花和调料拌匀，将拌好的腰花装盘即可。

山城小汤圆

 烹饪时间：25分钟 | 功效：健脾益胃 | 口味：甜

原料

糯米粉500克，猪油100克，白糖50克，熟黑芝麻、核桃仁适量

调料

食用油适量

做法

❶ 将糯米粉倒在案板上，开窝，加适量清水，快速揉搓成面团，加入猪油，揉搓均匀，待用。

❷ 炒锅烧热，倒入适量食用油，倒入核桃仁，炸酥后，研细末；熟黑芝麻研细末，待用。

❸ 将上述两种食材同盛于碗中，加入适量白糖，搅拌均匀，制成馅料，待用。

❹ 取出做好的糯米团，揉搓成长条形，分成数个小剂子，压扁。

❺ 取适量馅料放入小剂子中，收紧口，揉搓成圆球形，即成汤圆生坯。

❻ 锅中注入适量清水烧开，放入汤圆生坯，轻轻搅动，烧开后转中火煮约5分钟至汤圆浮起。

❼ 加入适量白糖，搅匀至白糖融化。

❽ 关火后将做好的汤圆盛出，装碗后撒上适量熟黑芝麻。

 美味秘笈 | 用大锅将锅内的水烧开，水沸后即下汤圆。火不宜太大，随时加入冷水调节水温，使水不翻腾。汤圆浮出水面后，略漂浮一下即可盛碗食用。

糖油果子

烹饪时间：25分钟 | 功效：增强免疫力 | 口味：甜

 原料

糯米粉500克，大米粉100克，猪油100克，白糖50克，熟黑芝麻、核桃仁适量

 调料

食用油、白糖、红糖各适量

 做法

❶ 在备好的碗中倒入糯米粉、大米粉和适量白糖，混合均匀。

❷ 再倒入适量温开水，揉搓成面团。

❸ 将制好的面团搓成长条，再分成数个小剂子，搓圆后放入纱布上待用。

❹ 热锅注油，烧热后加入适量红糖，用中火将红糖烧化，待漂浮在油面上时关火。

❺ 待油温降低，红糖沉入油底后，依次放入做好的圆子，开小火慢炸，并不停地晃动锅子，使其受热均匀。

❻ 炸至圆子外壳稍硬后，可用勺子不停推动。

❼ 等到圆子颜色慢慢变深后，转至中火，不停翻炒，使其上色均匀，再煮一会儿至圆子呈现糖浆色即可关火。

❽ 将炸好的圆子捞出沥干油分，放入碗中，趁热撒上熟白芝麻即可。

 美味秘笈

火不能大，油温不能高，不然糖会熬苦的。

钟水饺

🍲 烹饪时间：10分钟 | 功效：滋阴润燥 | 口味：鲜

原料

肉胶80克，蒜末、姜末、花椒各适量，饺子皮数张

调料

盐、鸡粉各2克，生抽2毫升，芝麻油2毫升

做法

❶ 花椒装入碗中，加适量开水，浸泡10分钟。

❷ 肉胶倒入碗中，加入姜末、花椒水，拌匀。

❸ 放盐、鸡粉、生抽，拌匀。

❹ 加芝麻油，拌匀，制成馅料。

❺ 取适量馅料，放在饺子皮上。

❻ 收口，捏紧，制成生坯。

❼ 锅中注入清水烧开，放入生坯，煮约5分钟至熟。

❽ 取小碗，装少许生抽，放入蒜末，制成味汁，把煮好的饺子捞出装盘，用味汁佐食饺子即可。

美味秘笈　干花椒要用开水冲泡，这样才能完全泡出花椒的有效成分。

五香香芋糕

🍲 烹饪时间：5分钟 | 功效：解毒补脾 | 口味：鲜

原料

香芋400克，粟粉150克，粘米粉150克，叉烧肉、虾米各适量

调料

盐1克，白糖2克，鸡粉2克，食用油适量

做法

❶ 热锅注油烧至六成热，放入香芋，炸约3分钟至熟透，把炸好的香芋捞出，沥干油分。

❷ 锅留底油，放入虾米，略炒。

❸ 加入叉烧肉，炒香，盛出，待用。

❹ 把粟粉和粘米粉倒入碗中，加适量清水，搅匀。

❺ 倒入叉烧肉和虾米，放入白糖、香芋、鸡粉，拌匀。

❻ 加适量开水，搅匀，搅成糊状，把糊倒入模具里，抹平整，放入烧开的蒸锅，大火蒸40分钟。

❼ 取出蒸好的香芋糕，放凉后，将香芋糕脱模，用刀将香芋糕切成扇形块。

❽ 用油起锅，放入切好的香芋糕，煎焦香味，翻面，煎至微黄色，将煎好的香芋糕盛出装盘即可。

口水香干

烹饪时间：23分钟 ｜ 功效：保护心脏 ｜ 口味：辣

原料

香干630克，朝天椒5克，熟花生23克，姜片15克，白芝麻5克，八角3个，花椒2克，白芷5克，香叶1克，草果3个，丁香1克，芹菜10克

调料

盐3克，白砂糖5克，蘑菇精3克，生抽9毫升，陈醋3毫升，老抽3毫升，食用油适量

做法

1 洗净的香干切成片。
2 洗净的芹菜切成粒。
3 姜块切成片。
4 将朝天椒去蒂，切圈后再剁碎。
5 将熟花生用刀背压碎去除花生皮，再用刀背拍碎。
6 热锅注水烧热，放入八角、香叶、草果、白芷、丁香、姜片、生抽、老抽、盐、糖，煮沸。
7 放入香干，搅拌均匀，再注入适量食用油，搅拌均匀后盖上盖子，煮20分钟。
8 在备好的碗中放入朝天椒、芹菜碎、白芝麻、搅匀。
9 热锅注油，烧至六成热，放入花椒，爆出香味，再将花椒粒捞出，浇至盛有食材的碗中，再倒入生抽、陈醋、蘑菇精、白砂糖，搅拌成酱汁。
10 揭开锅盖，将煮好的香干用筷子夹到备好的盘中，浇上酱汁，撒上花生碎即可。

 美味秘笈 香干不可煮太久，否则会影响成品的口感。

川味豆皮丝

 烹饪时间：5分钟 | 功效：健脾开胃 | 口味：辣

 原料

豆腐皮150克，瘦肉200克，水发木耳80克，香菜、姜丝各少许

 调料

豆瓣酱30克，盐、鸡粉、白糖各1克，陈醋、辣椒油各5毫升，食用油适量

做法

① 将洗净的豆腐皮卷起，切成丝。
② 洗好的木耳切丝；洗净的瘦肉切薄片，改切丝。
③ 热锅注油，倒入姜丝，爆香；放入豆瓣酱，炒匀。注入适量清水。
④ 倒入切好的肉丝，拌匀。
⑤ 放入切好的豆皮丝。
⑥ 加入切好的木耳丝，将食材拌匀。
⑦ 加入盐、鸡粉、白糖、陈醋，拌匀。加盖，用小火焖2分钟至熟软入味。
⑧ 揭盖，淋入辣椒油，拌匀，关火后盛出菜肴，装盘，放上香菜点缀即可。

香辣米凉粉

🍲 烹饪时间：1分钟 | 功效：促进消化 | 口味：辣

1　　　2　　　3　　　4

原料

米凉粉350克，蒜末、葱花各
少许

调料

盐、鸡粉各2克，白糖、胡椒
粉各少许，生抽6毫升，花椒
油7毫升，陈醋15毫升，芝麻
油、辣椒油各适量

做法

❶ 将洗净的米凉粉切片，再切粗丝。

❷ 取一小碗，撒上蒜末，加入少许盐、鸡粉、白糖，淋
入适量生抽，撒上少许胡椒粉，注入适量芝麻油。

❸ 再加入适量花椒油、陈醋、辣椒油，匀速地搅拌一会
儿，至调味料完全融合，制成味汁，待用。

❹ 取一盘，放入切好的米凉粉，浇上适量的味汁，撒上
葱花，食用时搅拌均匀即可。

 美味秘笈 　食用时可加入少许豆豉酱拌匀，这样口感更佳。

自制牛肉干

🍲 烹饪时间：42分钟｜功效：补血益气｜口味：辣

1　2　3　4　5

6　7　8　9　10

牛腱肉200克，白酒20毫升，咖喱粉40克，香叶2片，花椒30克，八角1个，姜片、葱段各少许

盐、白糖、五香粉各2克，生抽10毫升，辣椒油、食用油各适量

❶ 洗净的牛腱肉切片。

❷ 沸水锅中倒入切好的牛肉片，余烫约2分钟至去除血水和脏污，捞出沥干水分，装盘待用。

❸ 用油起锅，放入八角和花椒，加入姜片、葱段、香叶，爆香。

❹ 倒入余烫好的牛肉片，翻炒数下，加入白酒、生抽，倒入咖喱粉，翻炒均匀。

❺ 加入五香粉，炒匀。

❻ 注入适量清水，至即将没过牛肉片，搅匀。

❼ 加入盐、白糖，搅匀，用大火煮开后转小火煮20分钟至收汁。

❽ 淋入辣椒油，炒匀调色。

❾ 关火后盛出牛肉片，装盘放凉后放进微波炉，关上箱门，选择"烤肉串"功能，再按下"开始"键（系统默认时间为18分钟），烤至成牛肉干。

❿ 打开箱门，取出烤好的牛肉干，装入盘子里即可。

美味秘笈　　余烫牛肉片的时候可以放入生姜，去腥效果会更好。

219

桑葚芝麻糕

烹饪时间：80分钟 ｜ 功效：乌发美容 ｜ 口味：甜

原料

面粉、粘米粉各250克，鲜桑椹100克，黑芝麻35克，酵母5克

调料

白糖25克

做法

① 锅中注入适量清水烧开，倒入备好的桑葚。

② 熬煮约10分钟，至煮出桑葚汁。

③ 关火后捞出桑葚渣，将桑葚汁装在碗中，放凉待用。

④ 取一大碗，倒入面粉、粘米粉，放入酵母。

⑤ 撒上白糖，拌匀，注入备好的桑葚汁。

⑥ 混合均匀，揉搓一会儿，制成纯滑面团，用保鲜膜封住碗口，静置约1小时，待用。

⑦ 取发酵好的面团，揉成面饼状。

⑧ 放入蒸盘中，撒上黑芝麻，即成芝麻糕生坯。

⑨ 蒸锅上火烧开，放入蒸盘，用大火蒸约15分钟，至生坯熟透。

⑩ 关火后揭盖，取出蒸盘，稍微冷却后将芝麻糕分成小块儿，摆在盘中即可。

美味秘笈　桑葚汁的温度以手温为佳，能缩短揉面的时间，也更省力一些。

鸡丝蕨根粉

烹饪时间：15分钟 │ 功效：清热解毒 │ 口味：辣

 原料

熟蕨根粉150克，鸡胸肉100克，大蒜半头，朝天椒4个，青椒1个，香菜2根，香葱2根，姜丝适量，熟白芝麻少许

 调料

生抽3毫升，盐2克，辣椒油5毫升，芝麻油5毫升，食用油适量，白糖适量

 做法

❶ 锅中注水，大火烧开，放入洗净的鸡肉，余煮去除杂质。

❷ 将煮熟的鸡肉捞出，沥干水分，放凉后用手撕成鸡丝，待用。

❸ 青椒、朝天椒去蒂，切两半，再切碎，待用。

❹ 洗净的香葱、香菜各切段，再切碎，待用。

❺ 取一个碗，倒入生抽、芝麻油、辣椒油、白糖、盐，再倒入少许白芝麻，搅拌均匀，制成味汁待用。

❻ 取一个盘子，将备好的熟蕨根粉平铺在盘子中，放上备好的鸡丝。

❼ 再放上青椒末、朝天椒末，撒上葱花、蒜末，最后放上香菜末、姜丝。

❽ 再淋入备好的味汁，待用。

❾ 热锅注油烧热。

❿ 将热油浇在盘中即可。

 美味秘笈 若觉得蕨根粉浸泡时间太长，也可以将其在沸水中煮5~8分钟，捞出后用清水过凉。

风味炒凉粉

🍲 烹饪时间：1分钟 | 功效：清肠通便 | 口味：香

原料

凉粉250克，青椒45克，红椒49克，葱段、蒜末、蒜苗段各20克

调料

盐、鸡粉各1克，老抽5毫升，生抽3毫升，食用油适量

做法

1 将凉粉切条。
2 洗净去蒂的青椒、红椒分别切开，去籽，切小条。
3 沸水锅中倒入凉粉条，汆烫约2分钟至熟，捞出汆烫好的凉粉条，沥干水分，装盘待用。
4 用油起锅，放入葱段、蒜末，爆香。
5 倒入切好的青、红椒，翻炒数下。
6 放入凉粉条。
7 加入生抽、盐、鸡粉、老抽，炒匀。
8 倒入蒜苗段，翻炒入味，关火后盛出炒好的凉粉，装盘即可。

香辣粉丝

烹饪时间：3分钟 | 功效：提高免疫力 | 口味：辣

原料

水发粉丝200克，朝天椒20克，葱花、蒜末各少许，核桃仁200克，白芝麻250克

调料

盐3克，鸡粉、白糖各少许，生抽4毫升

做法

❶ 将洗净的朝天椒切圈。

❷ 备好的榨油机接通电源，预热5分钟，倒入备好的核桃仁，进入自动榨油模式，榨出油，倒出滤好的核桃油；用同样的方式榨取白芝麻油，断电后倒出滤好的芝麻油，放凉待用。

❸ 电陶炉接通电源，放上炒锅，注入适量清水。

❹ 高温煮沸，放入洗净的粉丝，焯煮一会儿，至其断生，再按电陶炉的开关键停止工作。

❺ 捞出材料，沥干，装入碗中。

❻ 倒入朝天椒圈，撒上蒜末、葱花，拌匀。

❼ 淋上生抽，加入盐、鸡粉、白糖，注入适量的核桃油和芝麻油。

❽ 快速搅拌一会儿，至食材入味，将拌好的菜肴盛入碗中即可。

葱香饼

烹饪时间：13分钟 │ 功效：防癌抗癌 │ 口味：咸

1 2 3 4 5

6 7

原料

葱花20克，洋葱60克，中筋面粉150克，大蒜2瓣

调料

盐3克，杏仁油15毫升

做法

❶ 在备好的碗中放入面粉，一边注入适量清水，一边往同个方向搅拌均匀。

❷ 将搅拌好的面粉放在案板上，揉压成面团，并用一个空碗倒扣住面团，饧面30分钟。

❸ 去皮的大蒜用刀背拍开，并剁成蒜末，待用。洗净的洋葱切成丁，待用。

❹ 备好一个大碗，放入洋葱、葱花、蒜末、盐，制成馅料。

❺ 饧好面后，将面团取出，撒入少许面粉，揉压成长条状。

❻ 将面团分为两块，并撒上一些中筋面粉在桌上，用擀面杖擀成面皮。

❼ 撒入馅料后，并卷成长条状。

❽ 将面饼卷成车轮状，撒入少许面粉，用擀面棍擀平。

❾ 取平底锅，倒入杏仁油，放入葱油卷饼，转中火，盖上锅盖，煎约5分钟至表皮金黄。

❿ 翻面后，转小火，再煎约5分钟至两面金黄。

 美味秘笈 | 饼坯制作完成后，最好静置松弛一会儿，烘烤时饼才均匀。

香辣铁板豆腐

烹饪时间：3分钟 ｜ 功效：降脂降压 ｜ 口味：辣

原料

豆腐500克，辣椒粉15克，蒜末、葱花、葱段各适量

调料

盐2克，鸡粉3克，豆瓣酱15毫升，生抽5毫升，水淀粉10毫升，食用油适量

做法

① 洗好的豆腐切厚片，再切条，改切成小方块。

② 热锅注油，烧至六成热，倒入切好的豆腐，炸至金黄色，捞出，沥干油，备用。

③ 锅底留油，倒入辣椒粉、蒜末，爆香；放入少许豆瓣酱，倒入适量清水，翻炒匀，煮至沸；加入少许生抽、鸡粉、盐，炒匀。

④ 放入炸好的豆腐，翻炒均匀，煮沸后再煮1分钟。

⑤ 倒入适量水淀粉。

⑥ 翻炒片刻，至食材入味。

⑦ 取烧热的铁板，淋入少许食用油，摆上葱段。

⑧ 盛出炒好的豆腐，装到铁板上，撒上葱花即可。

美味秘笈

在铁板上也可以淋入热油，这样菜看会更香。

重庆麻团

🍲 烹饪时间：25分钟 | 功效：开胃消食 | 口味：甜

 原料

糯米粉250克，白糖50克，红豆沙适量，熟白芝麻适量

 调料

食用油适量

做法

❶ 准备好一个碗，倒入适量温水，加入白糖，搅拌至融化。

❷ 将糯米粉倒在案板上，开窝，加白糖温水，快速揉搓成面团，稍饧一会儿。

❸ 将糯米团揉搓成长条形，分成数个小剂子，压扁。

❹ 将红豆沙放入小剂子中，收紧口，揉搓成圆球状。

❺ 将准备好的熟白芝麻撒在麻团生坯上，滚匀后，放置待用火。

❻ 锅中注入适量食用油，烧至五成热后，放入麻团生坯，转小火炸熟。

❼ 中间要不停地用勺子按压麻团，使其膨胀。

❽ 炸约15分钟后，待麻团漂浮起来，捞出沥干油分，即可趁热食用。

 美味秘笈　一定要保持中小火，慢慢炸，慢慢熟，不然外面都煳了里面还是生粉团。

金沙玉米

烹饪时间：8分钟 | 口味：润肠通便 | 口味：甜

原料

玉米粒200克，咸蛋黄3个，葱花少许

调料

盐、白糖各2克，食用油适量

做法

❶ 咸蛋黄切片，改切成细碎。

❷ 沸水锅中倒入洗净的玉米粒，汆煮片刻至断生，将汆煮好的玉米粒捞出，沥干水待用。

❸ 热锅注油烧热，倒入咸蛋黄，炒至其稍微溶化，加入玉米粒，炒拌，让玉米粒充分粘连上咸蛋黄。

❹ 撒上盐、白糖，倒入葱花，充分炒匀入味，关火后将炒好的玉米粒盛入盘子中即可。

美味秘笈 焯煮玉米粒时可以盖上锅盖，能缩短烹饪的时间。